香醇修訂版

咖啡賞味誌。

蘇彥彰◎著

Contents
目錄

Preface
香醇修訂版序

沒想到真的要改版了！算算上次交出《咖啡賞味誌》的最後一篇稿件已經是七年前的事情，當時我只是單純地想要把自己對咖啡的心得分享給很多剛入門的朋友，順便推廣一下「精品咖啡」的觀念，沒想到就這樣賣了七年印了22刷，讀者的支持，令我十分感動。

這些年來，台灣的咖啡程度提升之大令人驚訝，自家烘焙的咖啡館越來越多、精品咖啡豆不再難尋，一般大眾對於咖啡的認識也不再限於少數。記得從前走進陌生的咖啡館總是擔心咖啡品質太低，喝了不舒服，但是現在這些狀況減少了許多，整體品質的提升讓享受高品質的咖啡不再是一杯難求。

咖啡一直是我生活的一部分，即使在法國巴黎讀書學藝的三年間，我還是繼續郵購生豆，每隔一、兩個星期就在宿舍用簡陋的器具烘焙咖啡豆，因此常有鄰居聞香上門討咖啡喝。（順帶一提，法國咖啡的水準遠不如台灣！）扛了一堆咖啡器材過去，我也帶了好幾台磨豆機回來。

拜許多先進所賜，這些年來我對咖啡的認識增加了不少，因為經驗的累積，所以對於原來書中的內容做了些許修正，把這些修正付諸於文字，希望對大家有所幫助。當然，本書是咖啡入門的工具書，對我來說正確觀念的建立比五花八門的沖煮或烘焙技巧還重要，所以對於器材或技術的介紹著墨不深，讀者們若真的有興趣可以自行深入鑽研，現在網路上有關咖啡的討論非常多，搜尋一下就可以得到許多資料，所以就請原諒我在這個部分的小小偷懶。

最後我一定要感謝曾經幫忙我的朋友，還有永遠支持我的爸媽與家人，沒有你們的鼓勵我沒辦法完成這本書，謝謝你們！

蘇彥彰　2010年6月於台北碧潭

特別感謝

國立臺南藝術大學
尚品咖啡
克立瑪咖啡
可可設計人文咖啡
貝拉咖啡
花徑開咖啡館
蕭氏貿易有限公司
樹有風咖啡
南美咖啡
東山大鋤花間咖啡
國立中央大學 李振亞老師
黃宛瑜小姐
陳文瑤小姐
聶汎勳先生
周榮敬先生
張漢瑛小姐
陳若蓉小姐
李侃峰先生
黃國琳先生
顏龍武先生
朱立平先生
黃思嘉小姐
與許許多多咖啡板上的朋友

Part 1

發現一杯好咖啡
A Perfect Cup of Coffee

在咖啡的世界裡，酸與苦不代表絕對的優劣，但是如果出現任何令你不舒服的口感，肯定不是一杯好咖啡。怎樣才算是一杯好咖啡？什麼又是「精品咖啡」？請繼續往下讀，讓本書帶你發現咖啡香醇而豐富的口感！

Specialty Coffee

歡迎進入精品咖啡的世界！

你喝過哪些咖啡？方便的即溶咖啡、速食餐廳的美式咖啡、咖啡館的
虹吸式塞風壺，或當紅的Espresso？你是否迷失在令人眼花撩亂的咖
啡種類中，卻不曾品嘗咖啡的真味？喝一杯好的精品咖啡，你對咖啡
的苦澀印象將徹底改變……

對西方人而言，咖啡是生活中不可或缺的飲料，其重要性猶如茶葉之於中國人。西方人清早起床就是一杯咖啡、工作時手邊一杯咖啡、休息的時候還是喝咖啡。咖啡完全融入了他們的生活。至於生活在台灣的我們，提到「喝咖啡」，往往聯想到浪漫情調或品味象徵，除了因為咖啡是外來飲料之外，或許當初引進時的價格不低，而讓咖啡難以進入庶民的日常生活。

早些年的台灣社會，所謂「喝咖啡」指的不是咖啡本身，而是咖啡館的氛圍與喝咖啡所顯現的身分地位，既然主角不是咖啡本身，咖啡的品質便少有人重視（或者說缺少分辨咖啡優劣的能力），時間一久，品質不佳的咖啡逐漸當道，結果多數人印象中的咖啡就是一杯苦苦酸酸的黑水，必須要加糖與奶精才能入口，即使目前咖啡已經十分普及，喜歡喝咖啡的人比比皆是，然而許多人口中的咖啡，指的竟然是即溶咖啡或罐裝咖啡，真正品嘗過好咖啡或懂得品嘗好咖啡的人仍屬少數族群。

精品咖啡的出現

近幾年，台灣咖啡界發生劇烈轉變，除了國際大型連鎖咖啡館進駐，許多個性化的小咖啡館更如雨後春筍般在各地現身，其中有些咖啡館所煮出來的咖啡品質完全超越傳統咖啡館，達到世界一流的水準！除此之外，最重要的進步是許多人開始研究咖啡。拜資訊發展之賜，這些咖啡研究者透過網路討論有關咖啡的問題，並利用網路郵購各種世界一流的咖啡豆。突然之間，台灣的咖啡大門開啟了！在這些人口中，你不只聽到巴西、曼特寧、哥倫比亞等從前就耳熟的咖啡豆，還有其他一大堆從來沒有聽過的名字，名稱標示甚至不只是出口國，還有生產莊園，而其中標著莊園名稱的咖啡豆堪稱是頂尖代表，對於這些來自特定莊園的咖啡豆，有一個廣泛的稱呼：「精品咖啡」（Specialty Coffee）。

全世界愛好者主要咖啡來源的精品咖啡將是本書主要討論對象，內文所提到的許多咖啡特色都是以各產區的精品咖啡為準。精品咖啡與一般咖啡有什麼差別，與莊園又有什麼關係？

產區範圍與分級

有人聽到「莊園」就直接聯想到葡萄酒，某種程度來說，咖啡與法國葡萄酒的分級制度相似，就是標示的生產區域越大，等級越普通；而區域越小品質就越高。舉例來說，中秋節大家都要吃文旦，如果有一箱文旦上面的產地印著「台灣」，直覺上就不會認為這箱文旦的品質有多高，因為台灣有太多地方出產文旦了，這箱文旦可能來自台灣任何一個地方。而如果產地是「麻豆」，那意義就大不相同了，因為麻豆一直是

以高品質聞名的文旦產地。但是最優異的文旦除了「麻豆」之外，還會標示出「某某果園生產」，以便讓消費者知道箱子裡的每一顆文旦都出自於「某某果園」，絕對不摻雜任何其他果園的文旦。所以產區大小與品質高低之間關係可歸納為：

產區大小：台灣（大產區）＞麻豆（小產區）＞果園（莊園）
品質高低：果園（莊園）＞麻豆（小產區）＞台灣（大產區）

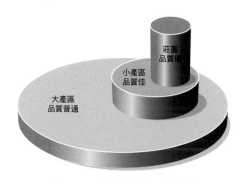

生產區域大小與文旦品質成反比。

換句話說，產區大小與品質成反比，而品質高低又直接影響到價格，通常產區範圍越小，價格越高，這是之所以標示生產果園（或是莊園）的品質會是最高的原因。為了維護名聲與價格，能夠在產品標上莊園名稱的通常是品質最優異的產品，其他則以大一級的產區標示出售，而這些標示著莊園名稱的產品很可能只占整個莊園產量的極少數。

同樣的道理換成咖啡豆，以哥斯大黎加Tarrazu產區著名的拉米尼塔莊園（La Minita）來說，能夠以La Minita名稱出售的咖啡豆一年約十六萬磅，而莊園一整年的產量卻超過一百萬磅！其餘咖啡豆都只能標示Tarrazu，在這種淘汰率之下，La Minita成為精品豆

是必然的結果。事實上，其他產區的精品豆大抵如此，所以這些精品豆數量相對於整體產量來說，實在是少之又少，價格自然比一般咖啡豆貴一些，但是品質相對也會更高。

為什麼要強調精品豆？因為只有精品豆才能夠把該產區的特色表現得淋漓盡致，讓品飲的人清楚體認到這個產區與其他產區的差異。咖啡之所以吸引人，就是在於其多樣化的複雜性與獨特性，讓愛好者在飲用不同咖啡時，能有不同體會，這是品質平庸的咖啡豆難以企及的特性。

堅持完美的過程

造成咖啡豆獨特性的原因很多，種植地區的土壤、海拔高度、種植方式、氣候與處理方式等等，關於各國產區與咖啡豆特性的細節，將於後文進一步介紹。

儘管有頂級精品豆，終究要搭配好的烘焙與正確的沖煮，否則再好的咖啡豆也無用武之地，尤其是烘焙對於咖啡風味更是有著決定性的影響，許多咖啡達人都有這樣的共識：沒有烘出來的味道，不可能出現在杯子裡面；至於沖煮，則是避開烘焙產生缺點的一個手段。

因此，精品咖啡與其說是單指特定產區的咖啡豆，更應該視為一個從源頭到結果的過程，對完美的堅持。有了這樣的觀念之後，黑色的咖啡世界就不再只是苦澀，而是充滿驚異的香醇！

Coffee Beans

認識咖啡豆

許多人都喝過咖啡，卻不知道咖啡豆到底是咖啡的哪個部分，甚至以
為咖啡豆與綠豆、紅豆是同一類的！其實咖啡豆是咖啡樹的種籽，而
且必須經過處理才能成為我們所看到的樣貌……

關於這顆不起眼、日後卻成為大明星的小種籽，故事得從西元六世紀說起。西元六世紀在中國剛好是李世民斃了兄長當上皇帝成了唐太宗，正式推開唐朝盛世的大門；而歐洲剛剛從東西羅馬的混戰中結束，正式成為基督教的屬地，就在歷史巨輪不斷輾過可笑的人類時，伊索比亞的牧羊人卻在放牧時發現了咖啡。這位無意間在時間之輪留下記號的牧羊人，發現他的羊吃了某種灌木的紅色漿果之後變得興奮異常，基於好奇，他也嘗了一些，幾顆小小的漿果短時間內讓他掃去疲憊，恢復了元氣。牧羊人回家後把這個祕密告訴了親朋好友，奔走相告的結果，這種紅色果實成了眾所周知的提神祕方。牧羊人居住的村莊就變成這個紅色果實的名字——Kaffa。

經數百年的流傳與掠奪，Kaffa由衣索比亞人手中交給阿拉伯人，在阿拉伯人嘴裡變成了Qahwah，Qahwah種籽在回教徒嚴密掌控中被基督徒偷了出來傳到歐洲，變成歐洲皇室的溫室珍奇，接下來，隨著殖民腳步的擴展，溫室裡的Qahwah漂洋過海，到了南美洲落地生根，後來還成了整個中南美洲重要的經濟支柱。自

此，Qahwah的名字變成了「Coffee」一直到今天，沒錯！就是我們這本書的主角——咖啡。

發現咖啡之旅

人們並不是一開始就「喝」咖啡，而是「吃」咖啡，換句話說，是直接把咖啡樹的果實（稱為咖啡櫻桃，因果實大小與顏色都如櫻桃）吃掉，而更精確一點的說法是吃掉咖啡果肉（咖啡籽太硬了，想當然爾是直接吐掉）。爾後，衣索比亞戰士為了便於攜帶，將整顆咖啡櫻桃曬乾，直接嚼食。而今許多非洲的咖啡產區依然把曬乾的咖啡櫻桃當作零嘴，酸酸脆脆，嘗起來有水果乾的味道，只消在口袋中放一把，精神不濟時嚼個幾顆，快速又方便。除了乾燥的咖啡櫻桃之外，當時的人還會將咖啡櫻桃搗碎與油脂混合，揉成小丸子，或將咖啡葉放入水中煮來喝，甚至直接嚼食生的咖啡葉。無論如何，要的無非是咖啡的提神醒腦之效（或是迷幻）。想必許多人都喜歡精神亢奮的感覺，所以咖啡快速地流傳到衣索比亞的鄰近國家。

激進派學者認為，引起特洛伊戰爭的海倫王妃為了減輕痛苦而服用的「埃及忘憂藥」（Nepenthe）就是咖啡的始祖，此說之所以有幾分可信度，在於埃及是最早對咖啡上癮的國家。發現咖啡的雖然是衣索比亞人，卻因他們自給自足的生活型態而沒有發現這個小果實背後龐大的商業利益，反而是稍晚才接觸但是生意頭腦靈活的阿拉伯人控制了咖啡，隔著紅海與非洲對望的阿拉伯人當時除控制了價如黃金的香料之外，另一個重要收入就是販賣奴隸！你想的沒錯，奴隸來源就是對岸的非洲，咖啡隨著這些奴隸到了葉門，再傳遍整個回教世界。

從回教世界走進歐洲生活

咖啡到了阿拉伯人的手自然得有些改變，當中對後世

咖啡果實（大鋤花間提供）

最大的影響，就是將原來不具賣相、味道又不突出咖啡藥丸變成香醇的液體咖啡。這個過程需要許多演進，例如，捨棄咖啡櫻桃的果皮與果肉只使用咖啡籽，以及咖啡籽的處理與烘焙等，總之，這些改變確立了目前咖啡處理的基礎。變成飲用後，人們對咖啡的接受度提高，約於十三世紀時土耳其的首府君士坦丁堡開設全世界第一家咖啡店——嘉納，爾後類似店家如雨後春筍般出現各地。當時整個回教世界都沉浸在這黑色神祕飲料裡，某些回教祭司甚至抱怨人們待在咖啡店比在清真寺祈禱的時間長，而人潮聚集之處的咖啡店密度更是高得驚人。以回教聖地麥加為例，大量回教徒到麥加朝聖，回國時順便帶走了咖啡文化，將咖啡傳進了歐洲。

剛開始，歐洲人對於咖啡的恐懼多於好奇，因為這是回教徒的飲料，基督教與回教之間的紛爭讓歐洲人對於回教徒的東西產生本能性的排斥。（有趣的是，對回教徒帶來的各式香料卻愛不釋手！）再者，黑色的咖啡容易讓人聯想到死亡、疾病，為此，羅馬教廷召開會議，討論咖啡是否適合基督徒飲用，兩派意見唇槍舌戰，沒有人肯讓步，最後，當時的教皇克萊門八世親自品嘗咖啡後，做了極為正確的決定，他說：「這麼好喝的飲料讓回教徒獨占豈不可惜？我們不如賜它一個聖名，稱之為『上帝的飲料』，順便開阿拉一個玩笑！」咖啡自此堂堂正正地走進歐洲人的生活。

與回教徒一樣，信奉基督的歐洲人快速地迷上了咖啡，威尼斯、維也納、倫敦、巴黎等商業都市隨即飄出陣陣咖啡香。歐洲的咖啡館，除了黑咖啡之外，更加入了牛奶，這個絕妙的喝法柔化了原來刺激濃烈的味道，讓咖啡迎合更多人的喜好。當時經常人滿為患的咖啡館，只有男士得以出入，所以許多先生每天都待在咖啡館不回家，致使家庭主婦集體抗議，要求官衙關閉咖啡館、歸還她們的丈夫。然而，咖啡在短時間內已經傳遍歐洲，且隨著殖民抵達美國、澳洲等地，變成西方人生活中密不可分的元素。

既然風靡整個歐洲，各國自然希望掌握咖啡的來源，進而在各殖民地廣種咖啡，中南美洲、印度、蘇門達臘、爪哇，舉凡能種植的地方都看得到咖啡樹，近來價格居高不下的台灣咖啡也是那個時候由荷蘭人所引進。有趣的是，在咖啡史上最晚栽種咖啡的，竟然是發源地衣索比亞旁的肯亞，咖啡種籽繞了整個地球才抵達故鄉隔壁的高原國家，這或許是上帝的另一個玩笑吧！

阿拉比卡與羅布斯塔

咖啡樹是茜草科的常綠灌木，葉片細長且對生，開白色的花，結鮮紅色的果實，小小一顆，又稱為「咖啡櫻桃」。咖啡櫻桃的果肉很薄，嘗起來甜甜的，而裡面那一對橢圓形種籽就是咖啡豆。有時候這對種籽的其中一顆會發育得特別好，反而將另一半吃掉，剩下一顆圓圓的種籽，稱為圓豆（peaberry）。有的豆商會將這種圓形小豆子特別挑出來，售價較普通豆高，味道卻不見得更好（通常還會略差一些）。另外一種被稱為「象豆」的大型咖啡豆，其體積甚至是一般豆子的兩倍，但是味道相當貧乏。這些形狀特殊的咖啡豆偶爾買來嘗嘗無妨，卻不值得投入太多金錢。

咖啡與所有其他植物一樣會有不同品種（好比同樣是芒果卻有金煌與愛文之分），目前咖啡至少有66個品種，其中以阿拉比卡（Arabica）與羅布斯塔（Robusta）最重要。阿拉比卡種在全世界的市場占有率約65％，而羅布斯塔種約35％。阿拉比卡種產量低，需要許多的照顧，對於生長環境的要求較嚴苛；而羅布斯塔種則適應力強、產量大、抗蟲害，但品質差為其致命缺點，而且風味貧乏，帶有橡膠味，咖啡因含量較高，所以通常用來製造即溶咖啡或混入咖啡配方之中。風味不佳使羅布斯塔種無法在精品咖啡占一席之地。精品咖啡界將

焦點放在阿拉比卡種，事實上，光從植物本身的觀點來看，它就很特殊了，因為它有44條染色體，而其他咖啡只有22條，所以阿拉比卡種無法與其他種混種。如此大的基因差異，應該是阿拉比卡優秀的主要原因吧。

咖啡區帶

咖啡生長區域約在南北回歸線之間，稱為「咖啡區帶」（coffee zone）。優良的阿拉比卡種植地海拔通常較高，亞熱帶區域在600~1,200公尺之間，赤道地區則在1,200~2,100公尺，土質以火山灰為最佳，而且早上要曬得到太陽、午後要可以遮蔭。要符合這些條件的最佳方式是將咖啡種植在大樹底下，再不然就是種植區下午要能夠雲霧繚繞。後者必須先天環境配合，無法強求，前者卻很容易，只要保留種植區原來的大樹即可！這種生長特性使咖啡種植兼顧經濟與環境，而不若一般農業開墾必須將整片樹林夷為平地，破壞環境生態，所以獲得許多機構的大力推行，值得欣慰的是，咖啡農非但認同這樣的觀念，也已經開始實行這種植方法。

即使都是阿拉比卡種，也會因為種植方式與區域不同而造成品質上的差異，這就是為什麼阿拉比卡種雖占了全世界產量的65%，而真正的頂級精品咖啡卻寥寥可數。舉例來說，巴西是全世界最大生產國，所種植的也多是阿拉比卡種，然而巴西的咖啡絕大部分都種在海拔甚低的平原上，品質自然無法與高海拔山區的相比，這些品質平庸的咖啡豆當然只能淪為即溶咖啡或罐裝咖啡的原料，或許應該說是：品質較高的即溶咖啡！所以，請諸位注意，並不是標示著「阿拉比卡」就代表好咖啡，真正的好咖啡是需要許多嚴苛條件來造就的。

咖啡豆的處理

咖啡櫻桃從青轉紅之後便可採收，許多大型咖啡農場用機器不分青紅皂白，全部採收，結果紅透的與尚未成熟的咖啡櫻桃混在一起，所生產出來的咖啡豆品質自然不會太高。正確方式應該只採收紅透的，而這必須用人工採收才可能做到，於是頂級咖啡豆的價格自然比較高。因為我們要的是咖啡種籽，所以必須要把果皮、果肉、黏膜去除掉，去除方式有2.5種，分別是：乾燥法、水洗法、乾燥與水洗兼具的半水洗法。簡述如下：

■ 乾燥法（Dry process）：為深具歷史的處理方式，在一千多年前阿拉伯人就已經開始使用了。基本上是將收成的咖啡豆鋪平，攤在陽光下曝曬，這個曝曬過程約需20天，之後再將曬乾的果皮與果肉打磨掉，進行篩選分級，最後打包儲存。因為曝曬的地方可能不只有曬咖啡豆而已，所以偶爾會在日曬豆中發現夾雜有玉米之類的穀類。因為照射大量陽光，加上整個過程中果肉都沒有與咖啡豆分離，因此咖啡豆吸收了許多果肉與陽光的精華，喝起來口感複雜、質感較為狂野。因為要有長達20天的乾燥期，所以多在日照多的地區採用，例如葉門、衣索比亞等等。

■ 水洗法（Wet process）：即西印度群島法（West Indische Bereiding），是一種適合多雨地區的處理方式。程序大概是這樣：將咖啡櫻桃用水泡軟，再磨掉果皮與果肉，去了皮與肉的咖啡上面會有一層很難清除的黏膜，所以將咖啡豆以水浸泡6~80小時（時間長短視發酵狀況與處理廠的習慣而定），讓黏膜發酵，之後便可輕易地將黏膜搓洗掉，最後烘乾保存。水洗法會在浸泡程序時淘汰掉一些品質不良的豆子，所以水洗豆的大小會比較平均，又因為果肉附著的時間不長，味道通常比較乾淨。

■ 半水洗法（Semiwashed Method）：這是結合日曬與水洗的處理方式，先以水洗法將果肉與果皮去掉，接下來用乾燥法讓附著著黏膜的咖啡豆完全乾燥，然後將已經乾燥的咖啡豆弄濕，用機器將殘留的黏膜打掉，之後

便可以烘乾儲存了。因為同時用了兩種方法來處理，所以半水洗法的風味介於乾燥法與水洗法之間。

三大洲與數不盡的產區

全世界有五大洲，生產咖啡豆的只有非洲、亞洲與美洲這三洲，而這三大洲裡面又有許多國家在生產咖啡豆，諸如巴西、哥倫比亞、爪哇、肯亞等大家熟悉的咖啡名稱，就是以國家為名的咖啡豆。猶如台灣稻米不僅僅只有台東池上生產而已，而是全台灣到處都有；生產咖啡豆的國家也是一樣，全國各地都有許多地方在生產咖啡豆，僅標示生產國家的咖啡豆可能來自這個國家的任何產區，品質自然有時高有時低了。

就如各地風俗有所差異一般，不同地區的咖啡豆也展現出完全不同的風味，三大洲的咖啡豆的特質完全不同；每一個國家與產區也會讓你體驗多樣化的風味特質。以各大洲的特質來區別，非洲豆的香氣最強烈，水果特質明顯，body質感最薄，喝起來蠻類似水果茶的；亞洲豆的口感最濃稠，香氣與酸度最低，而且通常帶著南洋香料或是藥草的味道；至於美洲豆的各項特質剛剛好介於亞洲與非洲中間，屬於均衡一派。這當然只是大致的區分，當深入到各個國家與產區的時候，味道上的差異會更明顯，非常有趣。

世界主要咖啡產區圖

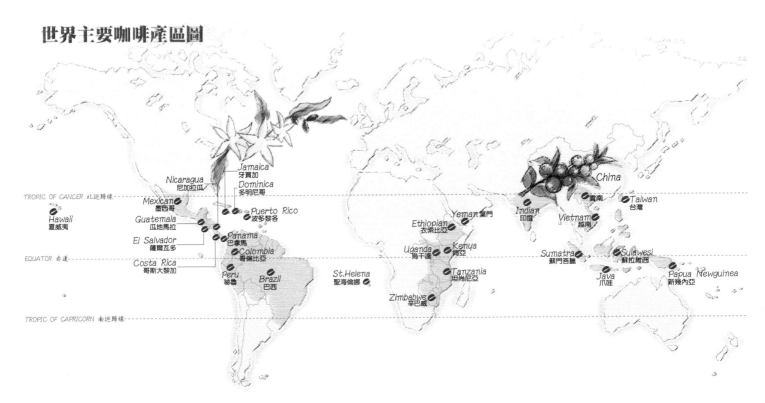

Buy & Reserve

咖啡豆的選購與保存

新鮮的咖啡豆是一杯好咖啡最重要的源頭，不論最後決定是要購買生豆回來自行烘焙，或是直接使用已烘焙完成的熟豆，該如何把握選購的要領？咖啡豆買回來之後，在保存上有哪些該注意的事項？

現在我們已經知道，咖啡生豆可以放上一、兩年沒有問題，但是烘焙完成的咖啡豆卻只能保存兩個星期至一個月左右，兩者相差甚多。經各種因素的考量之後，有些人開始嘗試自行烘焙，有些人則先從購買新鮮的熟豆入門，不管你決定使用哪一種，不妨先參考以下介紹的購買與保存要領。

如何購買生豆

想要自己烘焙，除了烘豆設備之外就是要準備生豆。對一般人來說，購買烘焙完成的咖啡豆不難，到大賣場便可買到（只是大多新鮮度堪慮），至於買咖啡生豆就不知從何下手。其實只要留意住家附近的咖啡館（不是連鎖咖啡館，而是一般的地區性咖啡館）中是否有烘豆機就可以了，因為有烘豆機代表店家會自行烘焙；要自行烘焙就得要有生豆。如果不知道烘豆機長什麼模樣，或店家並沒有把烘豆機擺在店裡，乾脆直接問店員吧。

根據經驗，一個地區總是會有一、兩家有自行烘焙能力的咖啡店，他們除了烘焙自己需要的咖啡豆之外，甚至還供應這個地區其他幾家咖啡店所需要的咖啡豆。在這種地區性的咖啡店中也許沒有太多的生豆種類可以選擇，但總是個開始，而且這些生豆的價格應該不會太離譜。其實在向店家買生豆之前可以喝喝看他們店裡賣的同一款咖啡，雖然烘焙型態並不一定適合你，至少可以做個味道上的參考。

若是想要購買較高等級的精品生豆，上網找可能會比較快。目前國內已經有幾個廠商提供精品生豆的網上訂購，種類不少而且價格合理。若還嫌不夠，提供郵購的國外的生豆商不少，所提供的生豆種類繁多，尤其是每磅生豆的價格也比較低；但是向國外訂購要負擔運費與

可能的檢疫手續，除非這一款生豆在台灣找不到，否則向國外廠商訂購並不一定比在國內買划算。上網購買咖啡生豆時，最重要的是選擇信譽良好的廠商，一家廠商是否足以信賴可從以下幾點判定：

■ **詳細的生豆資料**：包括生產國家、產區、批次與生豆等級等，越詳細越好，以批次這項資料來說，因為咖啡豆的產區往往很大，所以同一款咖啡豆會有不同的採收批次，同產區不同批次的咖啡味道不一定會一樣。

■ **廠商對於每一款咖啡的評分**：由於咖啡豆的來源如此多，品質也會參差不齊，廠商一定要先過濾之後才能夠賣給消費者，這些評分代表這款咖啡豆是經過廠商自己測試之後才進貨。

■ **烘焙建議**：若要測試就必定要經過烘焙，一款豆子若是沒有烘到最好的狀態不可能有正確的評分。廠商拿到的樣品一定是生豆，好的廠商會不斷嘗試，直到其認為已經是到達最佳烘焙程度之後才進行評分。所以提供烘焙建議除了讓消費者省去摸索的時間之外，還可以讓別人檢視其評分的可信度。

生豆買回來之後請先檢查一下：有沒有發霉？是否有蟲？有瑕疵要立即向廠商反應。咖啡生豆的保存很簡單，只要用乾淨透氣的棉布或麻布袋裝好，放在通風良好、乾燥陰涼的地方即可，若是有電子防潮箱更好，只是成本較高。在環境良好的狀況下，咖啡生豆可以保存一、兩年而不會變質。

不要迷信名牌進口咖啡豆

雖然咖啡豆的新鮮度是如此重要，重要到我們強烈建議每一位咖啡愛好者都能自行在家烘焙，但是不可否認

地，並非每個人都具備在家烘焙的條件或時間；除此之外，許多初入門的朋友也會因為經驗不足而不適合自行烘焙，解決的方法就是購買烘焙完成的咖啡豆。事實上我也建議剛進入咖啡世界的朋友，多方嘗試不同咖啡商或是同好烘焙的咖啡豆，藉此吸取經驗，這樣可以比較快找到自己的方向。以下是購買烘焙咖啡豆的重點。

■不要迷信進口的咖啡熟豆。原因非常清楚——你永遠不知道袋子裡面裝的咖啡豆是多久之前烘焙完成的。如果你有向外國公司郵購的經驗（任何商品皆同）就會知道，即使是昂貴的航空快遞也得將近兩個星期之後才可能收到貨品，若不巧訂購的是對新鮮程度要求最高的Espresso豆，那麼，到你手中的時候幾乎已經接近死亡

狀態了！別忘了，這還是咖啡豆烘焙好之後立即裝袋上飛機的狀態，更可能的情形是咖啡豆烘焙包裝完成之後在工廠放個3～4天等待出貨，坐飛機到了目的地之後在海關的倉庫再待一個星期，之後又在進口商的倉庫中保存幾天，最後才送到各地的經銷商手中，至於還要多久才被你買到？只有天曉得！

■找一家有自行烘焙能力的咖啡館（或相關供應商），同時用你的舌頭進行確認。為什麼要找一家有自行烘焙能力的咖啡館？當然是因為這樣才可能提供你最新鮮的咖啡豆，購買之前要跟商家確認烘焙的時間，同時觀察他們的咖啡豆保存方式，保存方式不佳的咖啡豆是會加速死亡的。負責任的咖啡商通常是接到你的訂單才進行烘焙，而且出貨時會在包裝袋上標示烘焙的時間，讓你清楚知道咖啡豆的生命週期到哪裡。咖啡豆買回家之後要如何測試其新鮮度呢？試煮與試喝！Espresso是最直接也最嚴苛的測試方法，只要咖啡豆不新鮮就一定無法出現濃稠的醬油膏；若是沒有Espresso機器，可用手邊最簡易的方式來沖煮，用自己的鼻子與舌頭做確認。新鮮的咖啡豆剛磨好的時候應該滿室生香，喝起來層次豐富；不新鮮的咖啡豆剛好相反，磨的時候香氣乏弱，且喝起來也十分平淡。幾次之後你就知道這家咖啡店對「新鮮」兩字的定義是否合乎標準，不合乎標準的當然就成為拒絕往來戶；只要你的味蕾說這個咖啡的味道OK，那就是OK！當然，標準會隨著你的咖啡經歷增長而提高。

若是住家附近真的找不到合乎標準的咖啡商，上網訂購是個不錯的選擇。目前台灣已經有幾家咖啡商提供網路訂購的服務，他們在跟你確認訂購內容無誤之後才進行烘焙，並且利用快遞送至你手中。其他的不說，至少新鮮度上絕對沒有問題。

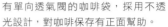

有單向透氣閥的咖啡袋，採用不透光設計，對咖啡保存有正面幫助。　　單向透氣閥特寫

咖啡豆的保存

這是許多人常遇到的問題，我們知道烘焙過的咖啡豆保存期限很短，咖啡風味在烘好之後的幾天達到顛峰，這個狀況會維持一段時間，接著就會隨著時間的流逝而逐漸喪失風味。在保存良好的狀況下可以延長咖啡豆的壽命，同時降低風味流失的狀況；反之則加速咖啡豆的死亡，在正常期限還沒有到之前就已經要丟入垃圾桶了！要如何讓自己一直擁有高品質的咖啡豆呢？以下幾個重點可以參考：

■購買新鮮烘焙的咖啡豆：找一家你信任的咖啡商（實體通路或網路商店），確認他們有自行烘焙咖啡豆的能力之後再買他們的咖啡豆，最好是當天剛剛烘好的，請記住，新鮮度是永遠無可取代的。當然，確保咖啡豆絕對新鮮的方式就「自己烘焙咖啡豆」！

■盡快把咖啡豆用完：再完美的保存都無法讓咖啡豆維持在巔峰狀態，時間一久只會讓咖啡豆越來越不新鮮而已，所以一次不要買（或是烘焙）太多的咖啡豆。在此提供一個簡單的估算方式：咖啡豆使用量＝（一杯咖啡的豆量）×（一天喝的杯數）×（咖啡豆保鮮期限）。以手沖為例，一杯200cc的咖啡約使用18g咖啡豆，一天喝一杯，保鮮期限是30天，$18 \times 1 \times 30 = 540g = 1.2$磅，所以一個月的咖啡豆用量則以1.5磅（680g）計算，多出來的量可以當作預備，萬一咖啡癮發了或是要招待朋友時便可派上用場。

■四低保存原則：每個喝咖啡的人都會遇到保存咖啡豆的問題，而每個人的解決方式也不盡相同，無論哪一種方式，把握住「四低」原則就對了：低溫、低濕、低光、低透氣。

依照這四低原則，你會如何保存咖啡豆？放在密封罐既密封又隔絕濕氣？正確！用不透明的密封罐隔絕光線？正確！把密封罐放在冰箱保持低溫？錯！無論有沒有用密封罐，放入冰箱是絕大多數人保存咖啡的方式（應該說是保存食物的習慣），冰箱低溫、低濕與低光度的確是個非常良好的儲存環境，但是問題出在冰箱的溫度太低！

讓我們做個實驗，把一杯倒滿冰水的玻璃杯放在室溫下一會兒，你會發現玻璃杯的外面附著了許多小水珠，這個小水珠哪裡來的？是空氣中的水分子凝結而來，因為冰水約5℃，而室溫約15～25℃，這個溫差會讓玻璃杯附近的水氣凝結並附著在杯壁上。這是一個簡單的物理現象，相信人家都實際體驗過，但是若這杯冰水換成你的咖啡豆那肯定使珍貴的咖啡豆因為受潮而快速死亡。有人會說：我速度快一點不要讓水氣凝結就可以啦！很抱歉，這是不可能的，水氣凝結在咖啡豆出冰箱的那一剎那就開始了，速度快只是水氣凝結少一點，水滴小到你無法看到而已，無論如何它都已經受潮了！而受潮的咖啡豆不可能好喝，唯有進垃圾桶一途。

總之，保存咖啡豆不用大費周章，只要將咖啡豆用不透明的容器密封好，放到陰涼通風的地方就可以了。我同時建議各位咖啡豆一買回來就分裝成數包，喝完一包再開另外一包，將咖啡豆與空氣的接觸次數降到最低，延長咖啡豆的保存時間。即使如此，我還是希望各位一次買適量的咖啡豆就好，並且一定要在新鮮期限內沖泡完──畢竟只有新鮮的原料才會有最好的味道！

目前市面上有一種單向排氣的不透光鋁箔密封袋可以使用，這種袋子有一個特殊設計的小閥門，可以容許咖啡豆熟化過程中所產生的二氧化碳排放出去，卻不會讓氧氣進入，加上是鋁箔材質，所以不透光，也可以阻止濕氣的進入，即使如此還是建議再多套一層密封袋，這樣可以將濕氣的影響降至最低。無論如何，早早將咖啡豆喝完才是上策！

Coffee Tasting

咖啡的品嘗與鑑賞

「苦」、「酸」、「香」、「濃」是一般人最常用來形容咖啡風味的字眼，但是在咖啡專家的口中，咖啡的風味其實可以再細分為許許多多的層面，「苦」與「酸」不見得就代表優劣的價值判斷，透過正確的品嘗與判讀方式，可以培養出高超的咖啡鑑賞能力。

中國人以「色香味俱全」形容一道美食佳肴，非常貼切。任何一道菜肴上桌，最先與我們接觸的就是外表與香氣，口腔中的感覺反而排到第三名去了。根據統計研究，多數人在一堆菜中會先選擇看起來最漂亮、顏色對比最突出的那一道，而且也覺得它比其他看起來平淡無奇的菜好吃。「以貌取人」是動物的天性，當然適用於感官享受的「食」囉！所以大廚們無不處心積慮地為傳統菜色披上更具美感的外衣，同時突顯重要食材的味道來刺激食欲，討取食客的歡心。

選個好杯子

以顏色取得第一優勢的飲食界，就只有茶與咖啡例外，當然不是說這兩兄弟在這方面沒有表現，而是它們對顏色和外表是以低調的方式呈現，但香氣卻是它們的強項，其中，咖啡又比茶厲害數倍。想要看到咖啡內斂的顏色與聞到迷人的香氣，首先要有正確的杯子，所以一個純白的咖啡杯絕對有必要，且以杯形瘦長、開口稍微外翻為佳。顏色純白才不會影響眼睛的觀察；而瘦長的杯身與外翻的開口則利於聚集與傳遞香氣，讓鼻子更容易聞到味道，這與品茶時使用的聞香杯相同道理。不同的杯子形狀，除了聞到的香氣有所差別之外，也會影響咖啡的口感，因為不同的杯口外翻形狀會把咖啡送到舌頭不同的位置，而舌頭上每個區域對味道的敏感程度不同，所以一個形狀、顏色正確的杯子，將是你品嘗咖啡的重要利器。

除了講究杯形，杯子的材質最好是瓷（骨瓷更佳）。因為純白的瓷杯容易製造與取得，瓷的密度高、保溫性好又利於顏色辨別，更重要的是表面質地細密光滑，不容易堆積咖啡垢，日後較不影響咖啡味道的品嘗。（品

不同形狀的咖啡杯。瘦長杯型能聞到更多的香氣，而略微外翻的杯口可以引導咖啡進入正確的舌頭位置。

茶者極重視的養壺與養杯對咖啡領域完全不適用，請讀者萬萬要避免！）

通常一杯咖啡約是250～300cc，慢慢品嘗之下剛好足夠讓你從熱喝到冷，體驗咖啡不同溫度的不同表現。杯子有個把手能讓你容易拿著一杯剛煮出來的咖啡而不被燙傷。

最後當然是選個喜歡的品牌。高級的杯子通常瓷土等級較高，質地更細密，保溫性相對更好，同時各大瓷器品牌都有專人設計杯子的外型，對於品嘗也會有所幫助，所以建議大家在能力範圍盡量選個好的咖啡杯。

咖啡色

咖啡到底是什麼顏色呢？當然不是單純的咖啡色！所

謂「咖啡色」，是指烘焙後的咖啡豆顏色，而非煮好的液體咖啡色。煮好的咖啡通常依烘焙深淺的不同，呈淺棕到深黑之間的色澤，依顏色深淺可輕易地判別咖啡的烘焙程度，烘焙度越重的咖啡顏色越深。重烘焙的咖啡豆所煮出來的會是黑色；淺烘焙的除了淺棕色之外，偶爾還帶著一點朱紅，呈現近似紅茶的色澤，而某些產區的豆種則會帶點黃綠色澤。當然從沖煮出來的咖啡顏色無法判別其品質好壞，唯有你的嗅覺與味覺兩者結合才能夠真正分辨優劣。

咖啡香

許多人被咖啡吸引都是因為那獨一無二的香氣！生咖啡豆是乾燥的種籽，幾乎沒有味道，甚至有些會出現發酵的微臭味，之所以能散發出迷人的香氣，都要歸功於烘焙。若說烘焙是讓咖啡豆重生的魔法一點不為過。關於烘焙，我們稍後再談，先把焦點放在香氣上面吧。

別看咖啡豆黑黑小小的一點都不起眼，你可能會在一杯好咖啡裡，同時聞到淡雅的茉莉花香與清涼的薄荷葉，同時帶著檸檬皮與葡萄酒發酵的味道，另外隱約有黑胡椒的辛辣，以及更多你似曾相識卻叫不出名字的味道，為什麼咖啡有這麼多種氣味？咖啡不是應該只有咖啡的味道嗎？要回答這問題，讓我們先來了解「氣味」是什麼。

從化學的角度來看，氣味是許多微小分子所組成，這些氣味分子揮發自產生它的物體，當這些氣味分子飄散到空中，被鼻子中的嗅覺神經接收後，人腦就會解釋這個分子，告訴你這個氣味是什麼。所以，檸檬之所以有檸檬味，是因為檸檬皮裡的油脂有其特定化學分子；同

樣的道理，茉莉花香就是來自花蕊散發出來的化學物質；油漆味道則是來自油漆溶劑——松香水的揮發。

化學家利用科學方法分析特定的氣味分子，了解分子的種類與組合形式。將這些特殊的化學分子提煉成香味精油；食品工業複製這些氣味分子的組成，利用化學原料合成出一樣的味道就是所謂的人工香料。撇開人工香料不談，自然界某個香味的化學組合不只會出現在一樣東西，而是同時存在於許多不同的東西裡，所以，我們會在許多不同的東西上聞到類似的味道。以檸檬香氣為例，我們熟知的檸檬味道是來自檸檬皮的檸檬醛（citral，3,7-二甲基-2,6-辛二烯-1-醇，化學式$C_{10}H_{18}O$），同樣的物質也出現在馬鞭草、香蜂草、某些桃樹或尤加利樹中，只是我們從小對於這種分子組成的氣味認知來自於檸檬，便稱之為檸檬香味。因此當相同味道從其他非檸檬物質產生時，我們就說這東西有「檸檬香」。咖啡本身的組成物質之多，是人類已知天然物質中最複雜的，目前科學家能從咖啡中萃取超過500種化學物質，其中我們辨別得出來的大概只有一半，而這些豐富的分子透過烘焙與沖煮的過程，會互相結合散發出多樣的香氣，所以若是你在一杯咖啡裡同時聞到十幾種熟悉的香氣，也不需要大驚小怪，這不就是咖啡迷人之處嗎？

咖啡的香氣基本上分成乾香氣與濕香氣。乾香氣是咖啡磨成粉，還未沖煮之前的味道，因為沒有沾到水，所以稱為乾香氣；濕香氣則是咖啡粉經沖煮成為一杯液體飲料的味道，此時的咖啡粉經過水的萃取，芳香化學物質透過水而結合，所以呈現出與乾香氣不同的味道。聞咖啡的正確程序應該如下：

A 咖啡豆磨好後，先聞聞咖啡粉的味道（此時聞的是乾

香氣）。聞之前先用手蓋住裝咖啡粉的容器，然後微微晃動，使香氣聚集於容器內，接下來，打開手掌並湊上鼻子去聞。這個動作能使咖啡粉的香氣更明顯。

B 沖煮後，再聞杯裡的咖啡味（濕香氣）。事實上，我更建議聞沖煮咖啡的容器，例如，塞風壺的下壺或濾沖杯，這些盛裝咖啡的容器因為本身的溫度頗高而將附著在杯壁的殘存咖啡蒸發，會順道帶出咖啡的味道。這個方式聞到的味道會比直接聞咖啡液體更強烈。

當然你也可以準備一個品茶用的聞香杯，依品茶聞香的程序來聞咖啡的香氣亦無不可。當一杯咖啡喝完之後，不妨試著聞聞杯底的味道，其實冷的杯底也藏著豐富的咖啡香氣——而且與熱的時候有些差別喔！

無論是濕香氣或乾香氣，咖啡香味可概分為幾類：

A 水果類香氣：檸檬、柳橙、李子、桃子、蘆筍、葡萄、梅子。

B 花卉類香氣：玫瑰、野薑、茉莉、紫羅蘭、薄荷葉。

C 糖類物質香氣：蜂蜜、黑糖、焦糖、地瓜。

D 香料類香氣：肉桂、薑、豆蔻、可可。

E 木頭類香氣：松樹、檜木、杉木、檀香、森林底層。

F 特殊香氣：酒類發酵、麝香、奶油、皮革。

在這些香氣中，有些味道是大家熟悉的，有些可能沒聞過。沒關係，只要盡可能用你足以描述的方式來記錄即可，有時候味覺是慢慢培養的，累積足夠的經驗自然找得出對應的形容詞。

咖啡味

常常聽到一般人對於咖啡的負面說法是：「這杯咖啡好苦！」或是「這杯咖啡很酸！」有這樣的感覺通常是喝到萃取錯誤的咖啡。又苦又酸的咖啡當然令人不舒服，但是苦味與酸味一定是錯的嗎？不盡然！舉例來說，苦瓜、芥菜都有點苦，但是鹹蛋黃炒苦瓜與大蒜炒芥菜卻是著名佳肴，擁有眾多的喜好者；柳丁吃起來酸酸甜甜，青蘋果更是酸得過癮，若是今天吃到一點酸味都沒有的青蘋果，你一定覺得很奇怪，甚至以為買到品質不佳的貨色呢。這說明了食物有苦味或酸味不代表一定有問題，而在於它們是否被正確地呈現，讓你產生享受的感覺！同樣道理也適用於咖啡。

酸、甜、苦、辣是舌頭所能辨認出來的味道，也是平常對味道最簡單的描述。然而，光是「酸甜苦辣」四個字似乎不足以描述咖啡的複雜風味，為了更精確傳達出品賞者的感覺，許多更傳神的形容詞便被發展出來。當你看到這些形容詞的時候，請注意，有些形容詞本身是中性的，不帶任何好壞的價值評斷，價值評斷完全得看喝咖啡者的個人喜好。有些比較有代表性的形容詞還會被選出來當作評分項目，以下先列舉出一些在這本書裡面用來做評分項目的形容詞提供參考。（容我再強調一次，這些形容詞對咖啡的評分不是絕對值，而是相對值。）

■ 明亮：什麼樣的味道會讓你覺得入口的食物是明亮的？最簡單的答案就是酸味！酸味會讓味道表現得更清楚，就好像拿黑色筆勾勒出圖案的輪廓，這是之所以醋會在調味料中占有重要地位的原因。通常比較酸的東西口感會傾向於明亮，反之則是深沉。用明亮度來形容，

一方面是造成明亮感覺的並不只有酸味而已,另一方面則可以避免許多人因為對酸味誤解所產生的負面感覺。

■厚度:最好的例子是魷魚羹與青菜豆腐湯,雖然都是湯,前者所展現的是厚實的口感,而後者就是淡薄。也許口感厚薄的差異沒有魷魚羹與青菜豆腐湯這麼大,但是不同咖啡一定會呈現出不同厚度卻是不爭的事實。

■質感:質感的另一個同義詞是「質地」,質感可以簡單分為「細緻」與「粗糙」。用布料的觸感來作例子的話,絲綢就是細緻,而麻布就是粗糙。當你覺得這種咖啡喝起來的粒子很緊密的話,質感就是細緻;反之則是粗糙。當然,細緻會有細緻的舒服,粗糙會有粗糙的痛快,沒有人可以左右你的喜好。

■餘韻:有許多人都知道茶葉喝完後喉頭會有甜甜的回甘,回甘就是餘韻的一種。所以餘韻指的就是喝完飲料之後繼續留在嘴裡的味道,除了回甘之外,之前你舌頭所嘗到的味道都會在餘韻中出現,而餘韻的優劣就是這些再次出現味道的質地是否令人感到舒服?存留在喉頭的時間是否可以持久?一杯好咖啡的餘韻甚至可以讓你在喝完之後一、兩個小時,都還感覺到它的味道。

除了以上,還有許多其他形容詞,除去一些可以望文生義或過於抽象的,再列出一些供大家參考:

■平順:所有的特色都不突出,沒有任何刺激與不快的味道,令人感到和緩舒服。

■土味:口感中夾雜著一點混濁的味道,有點像是泥巴味,或類似熬煮中藥的味道。最好的例子就是河魚與海魚的味道差異,河魚總是有點土味,海魚則不會。

■複雜:可以展現出許多種味道,也有人會用「豐富」來形容。

■狂野:味道刺激或是比較突出,有點像烈酒入口的一瞬間,立即攫住飲用者的味覺。

■乾淨:沒有土味,也不太刺激,感覺不出任何不悅,酸味比平順略強一些。

■平衡:各種味道都很一致,沒有特別突出的部分。

■有層次:味道複雜但是不會混在一起,能清楚感覺到每一個特點。

咖啡飲

當一杯咖啡剛煮好時,請先不要急著送進口中,因為在咖啡溫度這麼高的狀況下,你的舌頭是很難感覺出什麼的。但是也因為溫度高,香氣分子容易散發,所以用鼻子聞聞香味是品嚐咖啡的第一步。咖啡是目前已知含有最多化學物質的東西,當中有許多物質到現在還不知道是什麼,在這麼多物質交互作用與烘焙的焦糖化下,咖啡的味道可以說是千變萬化,你可以在不同產區的咖啡中聞到完全不同的味道,柑橘、核果、奶油、蜂蜜、巧克力、茉莉花香,甚至蕈類或麝香等,說也說不完的氣味!別覺得奇怪,這不是事後添加香料的,完全天然,而這就是咖啡之所以迷人之處,因為它實在是太複雜多變了!

■30秒內喝掉Espresso:花一點時間享受咖啡的香味之後,如果你點的是一杯只有30cc的Espresso,請在30秒之內,用三、四口將這杯咖啡喝掉,你會感覺到每一

口的味道都不一樣，若是喝的時間拖太長，Espresso那層厚厚的Crema很快消失殆盡，這樣子喝Espresso一點意義都沒有。當咖啡入口時，請盡量讓咖啡整個覆蓋在舌頭上，讓舌頭的每顆味蕾都接收到來自咖啡的訊息，之後再吞下喉嚨，如此一來，你就可以清楚這杯咖啡的味道到底如何（這個方法可適用於所有飲料的品嘗）。

■放一下再喝：隨著溫度的下降，舌頭對於酸的敏感程度則逐漸提升，所以有人會覺得冷掉的咖啡喝起來比較酸，而一些以水果酸味著稱的咖啡豆在這種狀況下反而得到最棒的表現。除了Espresso之外，其他方式沖煮出來的咖啡都不需要一下子喝完，事實上稍微放一下，讓咖啡溫度降到約60℃再品嘗，更可以得到完整的味道。如果你嘗試放涼的咖啡，除了香味較少之外，其實風味還不錯呢！

■咖啡的品與嘗：品嘗咖啡的兩個重點：聞與嘗！鼻子與舌頭一樣重要。一般人可能會以為品嘗只是用嘴巴而已，其實在品嘗的過程中，鼻子占了很重要的地位，許多對味道的感覺都是靠鼻子傳遞，所以請多利用你的鼻子。必須先說明的是，這裡所說的咖啡是指熱飲，同時沒有任何添加物的純咖啡，若你喝的是卡布其諾（Cappuccino）或拿鐵（Latte）之類加了牛奶的調味咖啡，就不必太拘謹，放鬆心情享用即可。當然，即使是純咖啡也不需要每次都以嚴肅的心情來品嘗，能夠enjoy才是最重要的事。

怎麼喝才能品嘗出咖啡最多的味道呢？多數專家是使用類似啜飲的方式，即含一小口咖啡到口中，先別吞下去，將咖啡留在口腔的前段，用嘴巴連續吸氣，透過這個動作讓空氣翻攪咖啡，咖啡的氣與味會充分地被激發

出來，在咖啡吞下去的同時，將嗅覺與味覺的靈敏度開到最大，若動作正確，你將會感受到咖啡中豐富的層次。要是你對這動作不熟悉的話，可以請會品酒的朋友來示範，因為這是所有品飲的標準動作，應用範圍極廣。若是你覺得這個啜飲動作太難的話，則改用類似漱口的方式：先將咖啡含到嘴中，像刷完牙漱口一般讓咖啡在口腔中激烈地撞擊，吞下之後，把在口腔中的氣味逼到鼻腔。兩種方法都可以品嘗出相當明顯風味，端看你習慣哪一種。

咖啡都入口之後稍微休息一下，隨著口水的吞嚥，你會感覺到餘韻從喉頭湧出，請再次去感覺這些美好的風味。通常一杯好咖啡會讓你喝完後的半小時之內都還感受得到它的變化與味道，有些極為優異的咖啡甚至可以停留數小時。咖啡喝完之後也不要急著洗杯子，稍微放一下，再聞聞杯底，會聞到一股淡淡的香氣，綿長隱約，非常迷人。

■喝不完怎麼辦？有時候咖啡煮得多了些，一下子喝不完，或是非得外帶不可時，用保溫瓶（杯）來保存是最好的方式。現在真空保溫瓶（杯）的保溫效果非常好，剛剛煮好的咖啡約80℃，在真空保溫瓶中放置六個小時還維持有45℃，換句話說，在這六個小時之內，只要打開保溫瓶，隨時都能享用到香醇的熱咖啡。除此之外，請不要將咖啡一直放在保溫墊上保溫（如市售的美式咖啡壺），或是將冷掉的咖啡重新加熱，這都會使咖啡的味道大打折扣。

Part 2

沖煮一杯好咖啡
Coffee Brewing

從法國壓、濾沖式、塞風壺、摩卡壺，到當紅的Espresso，咖啡的沖煮方式五花八門，每種沖煮方式都各具特色與風味，接下來就要介紹幾種主要的沖煮方式，跟著書中的步驟，熟練之後再按照自己的習慣與喜好作一些調整，相信你一定可以煮出一杯香醇可口的好咖啡！

Coffee Rules

煮好咖啡的五大要訣

在沖煮咖啡過程，咖啡豆裡的各種成分藉由水的溶解而釋放
至水中，我們稱之為「萃取」。想煮出一杯好咖啡，就要透過
正確的方法，適當地萃取出咖啡豆中的油脂與香味物質，盡
量減少咖啡因與苦澀成分。

如果進一步解釋「煮咖啡」的意義，就是：「藉由水分萃取出咖啡豆中的芳香物質。」在沖煮時，咖啡豆裡的各種成分透過水的溶解而釋放至水中，這個過程稱之為「萃取」。咖啡豆中有許多成分，最為人熟知的就是具有提神之效的咖啡因，除了咖啡因，還有許多的油脂、礦物質、酸與芳香物質等，若是煮咖啡的過程中，有非常多的這些物質溶解到水中，我們就說這杯咖啡的萃取率很高，反之則是萃取率低。

我們只想萃取咖啡豆中的油脂與芳香物質，而不是咖啡因與其他苦澀的成分，所以一杯好咖啡的另一種定義就是：「一杯正確萃取咖啡豆中物質的咖啡！」如果你對咖啡一直停留在「咖啡＝苦澀」的印象，那麼恭喜你即將要進入前所未知的咖啡世界。

從前述得知，煮咖啡就是要萃取咖啡豆中好的、香的物質，捨去不好的物質，但是如何判斷好的物質何時出來、不好的物質又何時出來呢？唯一的方法就是靠你的舌頭去嘗。若是你覺得煮出來的咖啡又苦又澀，難以下嚥，那肯定是一杯失敗的咖啡！幸運的是，咖啡豆中好的物質會比較快被水溶解出來，而咖啡因與我們不想要的苦澀物質則較慢才會被溶解，因此我們就可以利用這個特點來煮咖啡。換句話說，正確的沖煮就是在過程中仔細控制咖啡粉浸在水中的時間（同時配合研磨的粗細），在適當的時機中止萃取反應，以得到最佳品質的咖啡。

沖煮咖啡的方式非常多，各具特色。有的方式煮起來清新淡雅，韻味綿長；有的渾厚強烈，爆炸性十足。每種沖煮方式都有其最適合的烘焙程度，無論使用哪一種，沖煮咖啡都必須建立在五個最基本的觀念之上：

■ 新鮮的咖啡豆
■ 正確的研磨
■ 良好的水質
■ 合適的水溫
■ 溫柔的沖煮

這五個觀念絕對是沖煮咖啡最基本也最重要的部分，五者缺一不可，若任何一個環節不注意，縱使你用再高級的豆子、再優秀的機器，都不可能煮出好咖啡，所以，請你在任何時候都把這五個觀念謹記在心，並且確實貫徹。接下來是這五個基本觀念的詳細說明。

要訣一：新鮮的咖啡豆

新鮮之於食物，就像空氣之於生物一樣重要，食物要好吃往往取決於新鮮程度，越新鮮的食材越能展現本身的特色。我有一個朋友的父親是漁船船長，他從來不在陸地上吃魚，只在船上吃剛剛撈起來的魚，陸地上的魚以他的標準來說都已經不新鮮了！我有幸跟著他出海捕魚，幾天下來，在船上領略到真正新鮮的魚的鮮美。老實說，那種甜美與鮮度真的無與倫比，是任何高級餐廳都無法比擬的。

同理，好喝的咖啡，第一要件就是新鮮的咖啡豆！

咖啡豆在烘焙之前稱為生豆，是經過乾燥處理的咖啡樹種籽，生豆經過烘焙後，就成為平常所見的咖啡豆，而咖啡豆的新鮮度該如何界定？我們可以將其分成兩類：整顆的咖啡豆與研磨的咖啡粉。整顆咖啡豆的新鮮度認定是從烘焙完成、咖啡豆出爐的那一刻算起，依不同的沖煮方式而有不同的認定，請參看次頁的表格：

生豆因為未經烘焙程序，只要放在乾燥通風的陰涼處就能輕易地保存半年。經過烘焙，咖啡豆的保存期限會快速降低，這是因為烘焙使得生豆本身的質地焦糖化，物質產生多孔性，這些孔非常小，肉眼無法直接觀察，而這些微小的孔對於懸浮於周遭空氣中的物質，舉凡水氣、味道分子、粉塵等等，都有著非常強的吸附能力，當咖啡豆暴露在空氣中時，會貪婪地把附近各式各樣的味道吸附到自己身上（請看你家的濾水器，裡面的活性碳也具有多孔性，功用就是吸附水裡的雜味、化學分子與微小雜質），經一段時間後，這個咖啡豆就會混雜許多其他的味道，再加上咖啡豆本身的香氣與味道隨著時間逐漸氧化與散失。所以不新鮮的咖啡，除了風味平淡之外，更夾雜著許多奇怪的味道，自然不會好喝！

■沖煮前一刻才研磨：咖啡豆與咖啡粉之間的新鮮程度認定有很大的差距，前者以天計，磨成粉後卻短到只能以秒來算。這是因為經過研磨之後，咖啡粉的表面積比整顆咖啡豆增加了數萬倍，最佳保鮮的時間就短到只剩下數分鐘了！表面積的影響為何那麼大？問個簡單問題就可以得到答案：同樣重量的細糖粉與冰糖，哪一種在水中溶解的速度快？任何人都知道糖粉在幾秒鐘之內就溶解了，冰糖卻要 10 分鐘甚至半個小時才會全部溶解，之間的差異就在於兩者表面積的懸殊呀！同樣的道理，咖啡磨成粉之後表面積增大，連帶使許多存於咖啡中的風味分子快速與空氣中的氧分子產生交互作用，致使香氣與口感快速消失。所以在新鮮度的要求之下，我強烈建議咖啡豆必須在沖煮的前一刻才進行研磨，研磨完成後，立刻開始沖煮的程序，盡可能不要有任何延遲。

在所有的沖煮法中，Espresso 對於咖啡豆新鮮度的要求最高，只有 10 天，磨成粉更只有 5 分鐘；而寬容度最大的是法式壓濾壺，落差這麼大的原因是所需要的咖啡粉粗細不同所造成的（看！又是表面積大小），Espresso 因為高壓沖煮所以需要極細度的研磨，使得它對於新鮮度非常敏感，稍有不慎得到的咖啡便會天差地別（關於 Espresso，請參照〈義式濃縮〉一章）。而法式壓濾壺因為只需要中粗程度的研磨來做浸泡沖煮，較粗的顆粒使得咖啡豆可以保存 30～45 天而不至於會有過大的差異。

■咖啡豆的熟成：另外有一個現象是初學者可能感到不解的，依照新鮮的要求，越新鮮的咖啡豆應該泡起來越好喝，而實際上似乎有點差異。我個人與一些朋友多次實驗發現，烘焙完成的咖啡豆在良好的保存狀況下靜置幾天後的表現會更好（在保存期限內）！剛出爐的咖啡豆與之相比就略顯平淡，香氣與口感複雜度明顯不如靜置幾天的咖啡豆。這主要是咖啡豆在烘焙完成之後內部

【咖啡豆的保存期限】

	法式濾壓壺 （中粗度研磨）	濾沖式 （中度研磨）	塞風壺 （中度研磨）	Espresso （極細度研磨）
咖啡豆	30~45天	20~30天	20~30天	10天
咖啡粉	30分鐘	20分鐘	20分鐘	5分鐘
生　豆	良好保存狀況下 6~7個月			

並沒有靜止，很多微小的化學反應還在繼續進行，換句話說，咖啡豆內部仍處於不平靜的狀態，分子與分子之間依然在相互結合或是分解，必須等全部結束之後咖啡豆的味道才能完全展現。其實不是只有咖啡，很多東西都有類似狀況，最簡單的例子就是葡萄酒，剛釀好的葡萄酒口感既澀又硬，不易入口；經過數年陳放後卻柔順可口，原因就是葡萄酒裡的單寧透過時間逐漸轉變成其他物質，因此比剛釀出來時更好喝。

此外，咖啡豆的熟成時間也會因為不同的沖煮方式而有所變化。基本上除了Espresso用的咖啡需熟成3~4天之外，其他沖煮方式都是7天以上。建議你一次烘（或是買）適量的咖啡豆，透過每天沖煮測試這款咖啡豆的味道，一個週期下來，便可以了解這款咖啡豆風味發展的過程。

要訣二：正確的研磨

基於對新鮮的堅持，必須在沖煮前才研磨咖啡豆，因此磨豆機就成了必備器具，在此先提出一個很重要的觀念：好的磨豆機比好的咖啡機更重要！在追求好咖啡的道路上，一台夠水準的磨豆機是絕對必要配備。

為什麼磨豆機那麼重要？前面提過，煮好咖啡的真義是「正確地萃取咖啡豆中的物質」，要達到這個目的關鍵在於「精確控制咖啡研磨的粗細與沖煮的時間」，兩者之間密不可分。為什麼要控制沖煮時間？前面提過，咖啡豆的油脂與芳香物質會較先被水溶解，咖啡因與苦澀物質則較慢，所以煮咖啡時，從水與咖啡粉接觸的那一刻開始，要在適當的時間停止萃取，盡快把煮好的咖啡與咖啡粉分離，避免那些我們不要的物質進入咖啡中。

極細度研磨，適用於Espresso。

中細度研磨，適用於塞風壺、摩卡壺。

中度研磨，適用於塞風壺。

中粗度研磨，適用於濾沖式、法國壓。

二號砂糖顆粒特寫。

不同沖煮方式與習慣都有其適合的研磨粗細程度，以沖煮方式區分，Espresso適合細研磨，濾沖式與塞風壺適合中度研磨，而法國壓則適合粗研磨。若以咖啡粉在水中浸泡的時間長短而言，時間越長，研磨顆粒就要越粗；時間越短，研磨顆粒就要越細。這只是一個大原則，你平常不妨多多嘗試，一定可以找出最適合自己的沖煮方式與習慣。

為了正確萃取出咖啡豆中的物質，除了將咖啡豆磨成不同程度的粗細之外，使顆粒大小均勻一致也十分

Brita 濾水壺

重要，如果研磨的粗細不一，因細的咖啡粉末被水萃取的速率比粗的咖啡粉末還快，就會產生萃取時間無法控制的問題，也就是在同樣的時間裡，細的咖啡粉末在水中浸泡的時間過長，已經過度萃取時，粗的咖啡粉末卻因浸泡時間不夠，而導致萃取不足。這樣肯定煮不出一杯好咖啡。

所以要煮出好咖啡就得有一部可以研磨出均勻粉末的磨豆機，否則一切都是空談，這就是為什麼好的磨豆機比好的咖啡機重要。關於磨豆機，後面的章節將有更詳細的介紹。

要訣三：良好的水質

水有多重要？只要看在一杯咖啡中水占的比例超過99％就知道了。什麼樣的水適合拿來沖煮咖啡？越乾淨的水越好嗎？其實不見得。與泡茶一樣，太乾淨的水泡出來的茶不會比山泉水泡出來的好喝。同樣的道理，若水中含有適量的礦物質，可以使咖啡的口感更為豐富。

目前一般家中大多使用自來水，而自來水的品質並沒有達到讓人放心的水準，所以別說拿來沖煮咖啡，就連當作飲用水的人都不多了，最主要是因為自來水中的消毒藥劑殘留的問題，這些消毒用的氯殘留在水中不但影響水的品質，也會造成沖煮出來的飲料口感不佳！因此許多人都會加裝RO逆滲透系統或蒸餾水機等等，然而經過這些機器所製造出來的水，水質極為純淨，但也就是這些水實在是太乾淨了，所以是否適合拿來沖煮咖啡，就成了值得思考的問題。

我曾經做過一個實驗：分別用三種不同的水，以塞風壺來煮同一種咖啡，所有在場試喝的朋友都可以清楚指出哪一杯比較甘甜好喝、哪一杯的味道貧乏無奇。這些朋友事先不知道我用哪幾種水，也不知道用水的順序，結果大家都覺得最平淡的正是RO逆滲透水！反倒是簡單的家用濾水器所濾出來的水口感較佳，這種常見的濾水器據稱能濾除自來水中的有害物質又保留水中的礦物質，而且價格便宜、使用方便，廣受咖啡玩家愛用。至於口感最好的則是一瓶法國進口的礦泉水，比較過RO水煮出來的咖啡的朋友異口同聲說：礦泉水咖啡比RO水咖啡的味道複雜，而且更甘甜好喝。

但是一定要用進口的礦泉水嗎？倒不一定！我試過許多國產的礦泉水也都很不錯，若是覺得礦泉水成本太高，用前面提及的簡單濾水器也可以，只要記住：水不要過濾得太乾淨，更不要直接使用未經過濾的自來水。

要訣四：合適的水溫

偶爾看到有人用剛從火爐上移開，還在沸騰冒煙的水來沖煮咖啡，當這樣的景象出現時，我總會在腦中想像那杯咖啡的滋味，想著想著舌根便泛出一股苦澀的味道。因為咖啡並不適合用100℃的沸水沖煮，這樣不但會燙壞咖啡還會讓煮出來的咖啡苦澀得無法下嚥，只好靠加入大量的糖與奶精來調味。

事實上適合沖煮咖啡的水溫大約在85~95℃之間，而沖煮溫度的高低取決於咖啡豆烘焙的程度，原則是：烘焙深的豆子用較低的溫度沖煮；烘焙淺的豆子則用較高的溫度。如果不知道該用哪種溫度的水，建議從90℃開始，這個溫度幾乎適合大部分的咖啡豆，

之後再依各自喜好調整溫度。

為了準確判斷溫度，一支溫度計在這裡是必要的，當你需要調整沖煮溫度時也有依據。其實只要不是剛剛煮沸的水，對咖啡來講都不會過燙，例如熱水瓶裡的水溫約保持在90℃，直接就可以拿出來沖泡咖啡。至於剛剛煮好的滾水也只要放置一下，使其自然降溫就可以了。

如果你對於溫度的穩定真的很吹毛求疵，其實用來沖煮的熱水還可以比預定溫度高出3～4℃，因為你必須計算熱水倒入冷的沖泡容器時所產生的溫降，所以高出幾度是合理的預估。

要訣五：溫柔的沖煮

在我的觀念裡面，不論是哪一種煮法都有一個共通要點：沖煮咖啡是水與咖啡豆之間的交互作用，萃取的動作應該由水來完成，而不是靠沖煮者的力量！沖煮者唯一要做的事情就是讓每一個咖啡粉的顆粒能夠均勻地被水包圍，剩下的工作，就交給水去完成吧！

既然沖煮咖啡是水與咖啡粉的交互作用，沖煮者要如何幫助咖啡粉被水完全包圍？訣竅就是：溫柔地沖煮。除了Espresso在進入沖煮程序之後，沖煮者真的插不上手之外，其他不論是塞風壺的攪拌或是濾沖壺的沖水，請用對待情人的心態，溫柔地進行沖煮的程序，換句話說，不管做什麼動作，都請溫柔地做：溫柔地攪拌、輕柔地注水，千萬別像洗水彩筆一般，把攪拌匙伸到咖啡壺中快速粗暴地攪拌，讓一堆不愉快的味道一下子就溶進咖啡中；也不要用滾燙的水柱，毫不留情地直接衝擊在咖啡粉上，這樣做除了灼傷咖啡粉之外什麼幫助都沒有。總之，如果能帶著「想煮出

一杯好咖啡」的心情來沖煮，整個過程自然會非常穩定與溫柔；若是你只是以例行公事的態度沖煮，也不打算在喝的過程挖掘新體驗，動作自然不會溫柔，也會出現一些不穩定的狀況，這許多細節加在一起便容易得到苦澀的結局。

建立自己的風格

沖煮過程，除了上述五大要訣之外，其他數據與方式都可稍作調整。也就是說當你是新手的時候建議按圖索驥，一步一步跟著書中的步驟，同時多方嘗試其他人（或是店家）的咖啡豆，找出自己喜歡的予以保留，同時避開討厭的缺點。但是慢慢地當你已經培養出自己的品味時，請試著開始做一些調整，這些調整包括沖煮的時間加減10～20秒、研磨的粗細往上或是往下調整幾格、沖煮的溫度升高或降低幾度、力道使用多一些等等，經過這樣的嘗試，便可以找出最適合自己口味的咖啡，從而建立起自己的咖啡風格。

在建立自己風格的過程，不管是沖煮咖啡還是烘焙咖啡豆，有些朋友會很在意其他人的批評而喪失主見，最後建立的反而是別人的風格。要知道所謂「美學」或「品味」這種東西是很個人化的，而每個人的喜好都不太一樣，所以對於「風格」只有認同與不認同，而沒有對與錯，當你對於咖啡已經有了完整的認識，同時對於沖煮、烘焙方面的技術已經有了一定的純熟度之後，請堅持你的喜好。（在這裡分享一個小心得：想朝自己的喜好前進，從烘焙下手比從沖煮下手正確，而且簡單。）總之，時時提醒自己：一杯正確的咖啡不應該有任何令人感到不舒服的苦味與酸味，朝著這個方向努力就不會錯。

Grinder

不可忽略的重要器具——磨豆機

「好的磨豆機比好的咖啡機更重要！」好咖啡來自沖煮前一刻才研磨的新鮮咖啡豆，而且研磨的顆粒必須均勻才能充分掌控萃取的程度。想要在家中煮出一杯好咖啡，切勿忽略磨豆機的重要性！

好咖啡來自新鮮的咖啡豆，而新鮮的咖啡豆一定要在沖煮的前一刻研磨才能確保新鮮，所以咖啡沖煮過程中最重要的器具——磨豆機，便要派上用場了！研磨可以細如麵粉、粗若冰糖，在這麼大的範圍中，每一種沖煮方式、每一個人的沖煮習慣都有其適合的研磨粗細，但是，不論是哪一種沖煮方式，有一個原則是共通的，那就是研磨的均勻度。唯有磨出來的咖啡粉顆粒大小均勻一致，才能有一致的萃取率，也才能讓沖煮過程屬於咖啡豆方面的變因降到最低。

雖然我們知道研磨的粗細調整與一致的均勻度是達到正確研磨的基本條件，然而市面上的磨豆機種類繁多，手搖的、電動的、造型古典的、設計先進的，各式各樣產品琳瑯滿目，價格更是從數百元到數萬元不等，要如何在這麼多選擇中找出符合我們要求的產品呢？接下來，我將針對市面上各類型磨豆機做進一步的介紹。

理論上，正確的咖啡豆研磨方式應該是利用上下（或是左右）兩「塊」磨刀，用擠壓的方式將咖啡豆磨碎，這種方式就像是從前中國人過年過節時用來磨米做年糕的石磨一般，當我們調整兩塊刀片之間的間隙時便可以改變研磨的粗細。這種磨豆機研磨出來的顆粒均勻，較不會有粗細不一的情形。依照這樣的觀念所設計的磨豆機可分為：盤式磨刀與錐式磨刀兩種。

除了磨刀形式要正確之外，磨刀與驅動馬達的大小也是選擇磨豆機的要點，兩者都是越大越好（但是代表的另外一個意思往往就是——價格越高）。磨刀大小指磨刀的直徑，而要驅動越大的磨刀便需要馬力更大的馬達。當磨刀越大的時候表示同一個時間內所能研磨的豆子越多，所以就能在更短的時間之內完成咖啡豆

的研磨。為什麼研磨的時間要短？因為摩擦會產生熱，所以如果研磨的時間太長，磨刀就會因為與咖啡豆的過度磨擦而造成咖啡粉的溫度升高，如此一來，咖啡的風味便會受到影響。另外就是磨刀的轉速要慢，越慢越不容易發熱。所以理想的磨豆機必須符合：研磨均勻、迅速且冰冷這三個條件。一台好的磨豆機絕對是正確的投資，因為它將會使你煮出來的咖啡品質大幅提升。

螺旋槳式磨豆機

　　一般家庭常見的螺旋槳式磨豆機，雖然價格便宜，卻有研磨極不均勻的粗點，如果家中有這種磨豆機，不妨注意一下，每次研磨後打開蓋子倒出磨好的咖啡粉，會發現磨豆槽底下仍有附著的咖啡粉，再摸摸這些掉不下來的咖啡粉，比較一下剛剛倒出來的咖啡粉，就會發現磨豆槽底下的咖啡粉相當細，但是先前倒出來的卻還很粗！這是因為這種螺旋槳式的磨豆機是用「砍劈」的方式將豆子砍碎，而在底層的咖啡豆因為被刀片砍劈的次數遠比上層的咖啡豆多，所以就變成上粗下細（還沒有算中間的部分）。粗細相差如此懸殊的顆粒根本無法控制萃取的時間，沖煮出來的咖啡就會產生粗的顆粒萃取不足、細的顆粒卻已經釋放一大堆咖啡因與苦澀物質的情形！即使有人建議一邊磨一邊上下搖晃磨豆機，能改善研磨粗細不均的問題，而效果終究有限。

螺旋槳式磨豆機的刀片特寫

錐式磨豆機

　　自然進豆是錐式磨刀的優點之一，因為錐式磨刀的刀片設置型態是內外兩層垂直排列的方式，所以咖啡豆進入磨刀間隙所靠的是地心引力（當然還有一部分是磨刀咬進去的力量），研磨完成之後便直接落入下方的盛豆槽中，整個研磨的過程相當順暢快速。因為不需要太多額外的力量來強制咖啡豆進入磨刀，所以一般來說，錐式磨豆機的馬達轉速會比盤式磨豆機慢一些，如此一來就又附贈了一個優點——馬達本身不容易發熱！

錐式磨豆機機種介紹
手搖式磨豆機

　　不要小看這種磨豆機，雖然它是人力驅動，使用起來費點力氣之外，但是它不但可以設定研磨的粗細，而且當你拆開任何一台手搖式磨豆機時便會發現，它

的磨刀是不折不扣的錐式磨刀！所以研磨出來的咖啡顆粒比起螺旋槳式磨豆機要來得均勻太多了，只是受限於精密度的關係，手搖式磨豆機無法做顆粒很細的研磨，即使已經調到最細，對於Espresso的煮法來說還是不夠。不過要應付法式壓濾壺、濾沖式或是塞風壺都沒有問題，而且最重要的是價格十分便宜，推薦給預算低而且不煮Espresso的咖啡愛好者。

強制進豆葉片　　　　　　手搖式磨豆機採用錐式磨刀

錐式磨盤的上磨刀與下磨刀

　　市面上手搖式磨豆機的種類非常多，結構也都是上方為研磨機構，下方為盛豆容器。研磨機構每一家都大同小異，但是購買的時候最好可以選擇磨刀上方有強制進豆葉片的磨豆機（見圖），這樣可以避免磨到一半卻吃不進豆子的窘況。另外則是選擇底部盛豆容器為筒狀的磨豆機，因為抽屜式的外觀雖然典雅但實際使用上卻有些問題，例如當研磨的咖啡量較多的時候就不容易抽出盛豆槽，即使硬抽出來也很容易將咖啡粉灑了一地，同時這種型態的盛豆槽比較不容易清理內部；而筒狀的盛豆筒不但磨完豆子後就直接可以倒入濾杯，清理上也方便許多。

錐式磨豆機圖解　　盤式磨豆機圖解　　錐盤混合式圖解

Ascaso i2磨豆機的粗細調整機構，這種設計非常緊密，而且可以做很細的調整。

Ascaso i2磨豆機

Solis Scala

瑞士品牌，磨盤直徑38mm，有15段研磨粗細可選擇，整體研磨度還算均勻，應付大部分沖煮方式都不成問題。因為研磨粗細調節段數不足，所以沒辦法做細度研磨，因此不能用於沖煮Espresso的場合。Scala還有一個缺點，就是馬力稍嫌不足，萬一磨到淺焙的豆子可能會卡住。但是因為價格廉宜，所以堪稱最超值的磨豆機。

Baratza Maestro

美國品牌、美國設計、台灣OEM的好東西，高佻的造型頗容易吸引人的目光。Maestro的磨刀直徑、調整機構設計與都與Solis Scala相仿，但是使用的直流馬達卻有高達95W的輸出，粗細調整更有40段，適應性比Scala強許多。Maestro的售價都與Solis Scala接近，但Scala是中國製造，Maestro是MIT，端看消費者的選擇了。

Ascaso i2

西班牙廠牌，磨盤直徑38mm，鋁合金鑄造的機身提供操作時穩定的重量。i2最厲害之處在於極為精密的無段式粗細調整機構，這個利用旋轉螺桿帶動齒盤的調整機構緊密無比，能將研磨過程中磨刀機構的晃動

降到最低，這個機構也為其他更高價的磨豆機所採用。說實話，這是我個人認為目前最好的研磨粗細調整機構。i2用的傳動機構很特殊，不像大部分磨豆機的磨刀直接連在馬達轉軸上（稱之為直接驅動），i2的傳動是採用間接驅動，利用馬達轉軸上的一個小齒輪帶動連著磨盤的大齒輪，這個方式除了提供磨豆機充足的扭力之外還可以降低轉速，更避免了馬達的熱傳到磨盤上面。i2當然也有缺點，首先就是來自傳動系統的噪音不小，一大早磨豆子肯定會擾人清夢。第二就是萬一需要大幅度變更研磨粗細時必須花很多時間調整！即使如此，i2以萬元左右價格卻展現出營業用磨豆機的表現，確實值得大力推薦。

Mazzer Kony

義大利磨豆機名廠產品，100%營業級磨豆機！什麼是營業級磨豆機？大口徑磨盤（磨盤直徑67mm）、大

Mazzer磨豆機的彈簧特寫

Mazzer磨豆機的粗細調整機構，主要是利用四支強力彈簧將上磨盤緊緊地頂住。

Mazzer Robur磨豆機，Kony為其縮小版。

馬力、大體型、大重量、高價位，什麼都大就會讓研磨的單位時間縮短，店家就可以在短時間之內應付大量的客人，也因為磨盤更大所以將咖啡磨得更均勻。Kony的粗細調整機構用的是無段調整系統，利用四支強力彈簧將上下兩片磨盤緊緊撐住，藉以固定整個機構。Kony的研磨非常安靜快速，研磨出來的品質也非常優異，可以勝任任何沖煮形式的要求，若嫌不夠還有更頂級的Robur可以選擇。

Compak K-10

K-10的磨刀直徑高達68mm，磨豆機的磨刀絕對是越大越好，磨刀越大研磨速度越快越均勻。Compak與Ascaso屬於同一個集團，只是Compak走營業機種路線，而Ascaso專攻家用市場。既然是營業機種，所以K-10的馬力高達760W，Compak公司還為K-10搭配了減速齒輪系統來降低轉速，避免磨盤與咖啡豆因為過高的轉速而相互摩擦生熱，耗損了咖啡的風味。K-10的粗細調整到位之後還要將一個固定螺絲用力旋緊，除了定位之外還可以避免研

Compak K-10磨豆機

磨時的晃動。因為K-10在研磨上的優異表現，所以還成了07~08年WBC大賽的指定磨豆機。

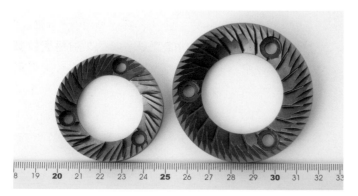

左為Rocky直徑50mm的磨盤，右為Super Jolly直徑64mm的磨盤。

盤式磨豆機

顧名思義，盤式磨豆機的磨刀像個盤子，而且是上下各一個平行排列，兩個磨刀大小一樣，合起來的樣子就像是古早的石磨，研磨原理也一樣是用擠壓的方式輾碎咖啡豆，所以顆粒相當均勻。

咖啡豆在盤式磨豆機中是靠著磨盤轉動的離心力而被「甩」進磨盤中，與錐式磨豆機利用自然地心引力的進豆方式不太一樣，不過套一句鄧小平的話：「管他黑貓白貓，能抓老鼠的就是好貓。」同理——管他是盤式錐式，只要能將咖啡豆磨得均勻便是好磨豆機。

盤式磨豆機機種介紹

Kalita

這型磨豆機（或說長成這個樣子的磨豆機）在台灣的咖啡館十分常見，尤其是那些比較傳統、沖煮方式偏向日系風格的咖啡館，這當然是因為這型磨豆機在日本大量被使用的關係。目前這型機器有許多台灣廠商在製造，功能與使用方式都與Kalita大同小異。Kalita雖然是盤式磨豆機，但是其磨盤放

台製構造類似kalita的磨豆機

置方式與一般機種不太一樣，一般盤式磨豆機的磨盤是水平放置，但是Kalita卻是垂直放置，所以機器內部多了一支螺旋狀的管子，藉著這支螺旋管將上面的咖啡豆送到前面的磨盤研磨，（是不是有點像絞肉機？）因為有這樣特殊的設計，所以Kalita不會有一般盤式磨豆機磨到最後，因為只剩下幾顆咖啡豆而造成豆子跳來跳去、導致研磨不均勻的狀況。

Kalita依照機器大小而使用不同直徑的磨盤，從50mm到70mm都有，（當然磨盤越大馬力就越強，價格也越貴！）用家可以依照自己的需求來選擇機器的大小。這類型的磨豆機缺點有兩個，一是馬力稍低，所以比較容易發熱；二是研磨的粗細只有十段，當遇到最佳的研磨粗細會剛好在兩個刻度之間時就很麻煩，其實依

照其整體設計看來，要能夠有更多段的研磨粗細可選擇並不難！除此之外這台磨豆機在研磨速度與均勻度上都很令人滿意。

Rancilio Rocky

這台磨豆機實在是太有名了！拜網路資訊流通迅速之賜，台灣幾乎所有的咖啡玩家都知道，而且使用過這部重量將近8公斤的Rocky！

被定位在家用高級磨豆機的Rocky其實完全移植自同廠的另一部營業機種，不一樣的只有外殼而已。Rocky直徑50mm的磨盤搭配上166瓦／1,725轉的強力馬達，加上有50格左右的研磨粗細調整，可以充分應付從Espresso到濾沖式所需的不同粗細，最重要的是不論粗細程度，所磨出來的咖啡粉都相當均勻。

Rocky鋼製的磨刀有600磅的研磨壽命，（實際使用的心得是：即使已經磨超過了600磅，但是在中─粗度研磨的品質上依然不會有明顯差異，除非是Espresso用的細度研磨。）在一般家用的狀況下，3~5年之內是不需要更換的。

雖然Rocky的表現已經很優秀，但還是有進步的空間，這裡提供一個讓Rocky磨起來更均勻的小方法：(1)將Rocky儲豆槽取下，清理乾淨。(2)拿防水用的白色矽質膠帶薄薄地纏一層在儲豆槽下方的螺紋上。(3)將儲豆槽裝回去，並且調整到所需的刻度即可。仔細比較纏膠帶前後的差異，你會發現纏膠帶之前用手轉動Rocky的儲豆槽時，儲豆槽是會有些微晃動的；而纏了之後這種輕微晃動的情形便消失了，因此磨出來的咖啡粉便會更均勻。

Mazzer Super Jolly

如果你是一個對於咖啡有無盡熱情的人，那麼家庭用的磨豆機一定無法滿足你，到最後一定會邁向營業機之路，因為營業用磨豆機實在是太好用了！營業用的磨豆機市面上相當多，其中最具代表性的當屬義大利Mazzer公司的Super Jolly。

Super Jolly的磨刀的直徑是64mm，足足比Rancilio Rocky大了14mm；而馬達更高達1/2匹馬力，所以研磨起來快速有力。以煮塞風壺所需的粗細來說，20g的咖啡豆，Rocky大概得10秒多左右才能磨完，但是Super Jolly卻花不到5秒！而整體均勻度硬是比Rocky更好，所以沖煮出來的咖啡味道也更完整。

事實上比Super Jolly優異的磨豆機還很多，但是它們的價位都太高，而Super Jolly剛好就在可接受的價位與研磨品質上取得巧妙的平衡。（台灣廠商也有推出外型與設計類似的機種，再不然該廠還有一款體積更小，價位更便宜的「Mini Super Jolly」可以考慮。）

Compak K-8

超大型盤式磨刀（直徑83mm），外型與Compak K-10相似，整體表現更優於Super Jolly，進階版還加了電子控制，可以設定研磨粗細、單次研磨量等功能，對於追求完美的玩家來說，這些功能都是多餘的，但是對於營業的店家來說幫助頗大。K-8的價格也在可以接受範圍，是偏愛盤式磨刀又不滿足於Super Jolly的最佳選擇之一。

錐盤混合式

Versalab M3

　　這種先用錐式磨刀粗磨再交給盤式磨刀細磨的混合型磨盤常見於大型商用系統，家用系統很少用。Versalab M3是少數採用此類機構的家用機，這幾年相當紅。Versalab的老闆John Bicht是位怪才，設計過方程式賽車、暗房設備與被譽為史上最佳的氣浮唱臂與真空唱盤系統，Johe Bicht甚至連香港的捷運系統都有參與設計。也許是因為黑膠唱盤概念的沿用，M3用的是皮帶傳動設計，整台磨豆機簡單到一個極致，剛推出時不但沒有研磨刻度標示，進豆完全手動，咖啡豆多的話還得分兩次倒，（進豆系統最近才推出，而且還得另外花錢買），磨豆子的時候還要小心不要讓豆子跳出來……使用上只能用「不便」來形容，但因為設計優良，所以磨出來的咖啡粉相當均勻，煮起來口感圓潤且層次感豐富。價格並不便宜，預算足夠的咖啡發燒友可以試試。

Versalab M3 磨豆機。上方橘色部分是負責傳動的皮帶。M3基本配備中沒有儲豆槽，進豆也必須手動，使用上不甚方便，但研磨出來的品質卻優異到讓人願意忍受它的缺點。

【 市售磨豆機種類優缺點比較 】

磨豆機種類	優點	缺點	說明
手搖式磨豆機	■ 造型典雅。 ■ 價格低廉。 ■ 研磨還算均勻。	■ 無法做極細的研磨。 ■ 會費些力氣。 ■ 研磨時間長了些。	■ 是預算不足，又不煮Espresso者的最佳選擇。
螺旋槳式磨豆機	■ 價格低廉。 ■ 普及。 ■ 省力。	■ 研磨極為不平均。 ■ 馬達功率不足，易發燙。	■ 不建議採用。
盤式鋸齒磨豆機	■ 目前磨豆機的主流。 ■ 研磨均勻且快速。 ■ 可以做極細的研磨。	■ 價格高（真正好用的價格非常高）。 ■ 馬達轉速高，比錐式鋸齒磨豆機還要容易發燙。	■ 煮Espresso的必備工具。 ■ 建議買高級一點的，免得日後升級還得多花一筆錢。
錐式鋸齒磨豆機	■ 研磨均勻且快速。 ■ 可以做極細的研磨。 ■ 馬達轉速低，不易發燙。	■ 價格高（真正好用的價格非常高）。 ■ 萬一磨到堅硬的石頭會有軸心偏移的疑慮。	■ 與盤式鋸齒磨豆機有同樣的優勢與建議。

磨豆機
使用小技巧

拆掉分量器

比較大型的磨豆機的盛豆槽都有分量器的設計，主要是為了幫助營業人員控制每次咖啡粉的使用量。但是對要求新鮮度的咖啡玩家來說，每一次只研磨一杯份量的咖啡豆，根本不需要分量器這個東西，再加上分量器其實並沒有辦法將所有的咖啡粉推出盛豆槽，使用幾次之後盛豆槽底部就會堆積老舊的咖啡粉，對於咖啡風味多少會有影響，所以建議用家將分量器整個拆除。

事實上，只要用一支烤肉刷便可以完全取代分量器的功能，使用上不但快速而且還能夠徹底將盛豆槽中的咖啡粉完全清乾淨，不會影響到下一杯咖啡，而拆除分量器通常只需要一支尖嘴鉗就夠了，整個拆除過程不會超過3分鐘，真是一舉數得。

除了分量器之外，另外還有幾個零件拆掉也會增加使用效率，這些零件包括刻度轉盤上防止轉過頭的螺絲以及儲豆槽內的防跳檔板。前者的拆除可以方便用家定期清潔保養；而後者則是一點功用也沒有，拆掉用其他東西代替反而會更好，舉例來說：Rocky用一個功夫茶杯壓著；而Super Jolly則可以將儲豆筒整個拆掉，用一個紙杯底部朝下插著即可。

從中粗度研磨到極細研磨的調整

在專業的咖啡館中通常都有兩台以上的磨豆機，一台負責Espresso所需要的細度研磨，另一台負責塞風壺與濾沖所需要的中粗度研磨，用兩台的原因是省去反覆調整的困擾。但是在平常家用的環境下，不太可能同時買兩台磨豆機，倘若不巧你又像我一樣，濾沖、塞風、法國壓與Espresso通通都來，那麼依據不同的沖煮型態調整磨豆機的研磨粗細就是必然要做的事情。如果是用錐式磨豆機，這類調整還算容易，但若是在Rancilio Rocky或Mazzer Super Jolly這類盤式

磨豆機上作大幅度調整時就必須注意，從細度研磨直接轉到中粗度研磨沒有關係，但是盡可能不要直接從中粗度研磨一下子轉到Espresso的細度研磨，因為這樣子有時會卡死磨刀，嚴重的話還會燒毀磨豆機的馬達！下面提供兩個方法讓大家參考：

■第一個方法是先開啟磨豆機的電源開關讓磨豆機轉動，在運轉的狀況下慢慢轉動磨刀，再逐漸調整到所需要的粗細，這個方法會比較省工省時，但是多少還是會造成磨刀的摩擦。

■第二個方法比較費事，但是長久而言對磨豆機比較好，首先你必須先把整個儲豆槽取下來，用牙刷將卡在螺紋縫中的咖啡粉清除乾淨，之後再將儲豆槽裝回去，調整到你要的粗細刻度。這些會卡咖啡粉的螺紋縫在哪裡呢？就在儲豆槽下方與磨豆機內側周圍，這些咖啡粉是之前研磨時卡進去，而且通常無法避免。

清潔

保持所有與咖啡相關的器具清潔是非常重要的，否則煮出來的咖啡永遠會有一種不乾淨的霉味！當中尤以磨豆機最重要也最容易被輕忽。一般人平常使用後都會將盛豆槽清理乾淨，但是磨豆機最容易堆積舊粉的地方則是在儲豆槽與磨豆機內側的螺紋縫中與磨刀的鋸齒溝槽上，這些地方因為看不到所以常常會被忽略，若是營業場所應該要每天營業結束後拆開清理，而平常的家用磨豆機則是視使用頻率而定，數天到一個星期清理一次。清理的方法請參考上一個小技巧裡面的敘述。附帶一提，你可能無法想像一支牙刷對於咖啡的重要，當你要為所有的咖啡器具大掃除時，就會發現牙刷的好用之處。

make pressed coffee.

3.
Tilt the glass
bowl and
gently pour
in hot water.

5.
Slowly press
down on
filter.

French
Press

法 式 壓 濾 壺

不需要複雜的器具與技巧，就能在短時間內沖出一杯高品質的咖
啡，法式壓濾壺就是這樣一種既簡易又方便的沖煮法，特別適合
工作忙碌的上班族，只要幾分鐘，就可以輕輕鬆鬆在辦公室享用
一杯香醇的咖啡。

許多人一看到法式壓濾壺的第一個感覺就是：這不就是我們常見的沖茶器嗎？法式壓濾壺（簡稱法國壓）確實與沖茶器非常像，唯一不同的地方在於法國壓的濾網網目比沖茶器更細，這是因為法國壓所要過濾的咖啡粉比茶葉更小的緣故。

法國壓不但在使用上非常方便，清洗也很簡單，所以很適合在辦公室使用。由於法國壓未經濾紙過濾，可以保留咖啡油脂，再加上適合沖煮烘焙較深的咖啡豆，所以若是想要來一杯卡布奇諾卻沒有 Espresso 機器時，法國壓便可以派上用場，只要搭配一只手打奶泡壺便可以做出一杯簡易的卡布奇諾。市售的法國壓有幾個廠牌，結構也多類似，依照自己的預算與所需的容量大小購買即可。選購時要注意濾網網目是否夠細，濾網與杯壁的接觸是否夠緊密，夠細夠緊，咖啡渣才不容易跑出來，喝的時候也會比較不會被咖啡渣干擾。

法國壓的優點

■所需器具簡單，沖煮方便快速。

■不會將咖啡的油脂濾除（會將油脂濾除的通常是使用濾布或濾紙過濾的沖煮方式，如濾沖式或塞風壺），所以保留了更多的味道，口感比油脂被濾除的咖啡更飽滿濃郁，所以適合加牛奶飲用。

■味道非常接近咖啡行家在品鑑咖啡豆等級時所使用的「杯測」法，也很適合一般用家測試樣品豆時使用。

■因為整個浸泡過程中並沒有繼續加溫，所以水溫通常會在 90℃ 以下，而在這樣的水溫之下沖煮，深焙咖啡豆比較不容易出現焦苦的味道。所以法國壓相當適合沖煮深焙的咖啡豆。

法國壓的缺點

喝到最後最後一定會有一些咖啡粉末，對於不習慣咖啡中有雜質的人可能會是一個障礙。稍微改善的方式是在倒出咖啡時，捨棄法國壓裡面最後 1/5 的咖啡。

法式壓濾壺

法式壓濾壺是一種非常方便的咖啡沖泡器具，只要搭配一個手搖式磨豆機就能隨時隨地享受咖啡。選購時要注意濾網的孔目是否夠小、濾網與杯壁的接觸是否緊密，若是網目太大或是濾網與杯壁的接觸太鬆，就會有太多的粉末跑到咖啡裡面，使得口感受到影響。記得採用中粗度研磨，另外捨棄底部的咖啡也可避免倒出來的咖啡中有太多粉末。

法國壓 沖煮方式

【咖啡豆份量】
以20g咖啡豆對180~200cc熱水。或隨各人喜好的濃淡酌量增減咖啡豆。

【研磨度】
中粗度研磨，顆粒比二號砂糖粗將近1/3。

【周邊器具】

法國壓壺　　攪拌匙　　熱水壺　　計時器

Step

1 先將法國壓的蓋子連濾網抽出，將剛剛磨好的咖啡粉倒入壺中。

2 依照比例倒入適量的熱水，並開始計時。

3 靜置1分鐘。之後用攪拌匙略為攪拌，使所有的咖啡粉都能平均浸濕。

4 蓋上蓋子，但是不要壓下，再靜置1分鐘。

5 慢慢地將濾網壓到底。

6 完成，可以將咖啡倒出來喝了！（注意倒的時候不要將濾網抽出，否則咖啡渣會浮上來。）

沖煮小技巧

■若是你的電熱水壺有高、低溫保溫功能，請事先調整為高溫模式，若是沒有這項功能，請先按下「再沸騰」鍵，使其沸騰之後再行沖泡。用比較高的溫度沖泡是因為法國壓壺與咖啡粉都是冷的，當熱水沖下去之後便可使水溫立即降低至適合的溫度；若是一開始沖入的水溫比較低，可能會導致沖煮過程中的溫度不足而無法完整萃取出咖啡的風味。

■攪拌要訣是輕柔，先使用攪拌匙最大的面，以輕壓的方式將咖啡粉整個壓到水中，再輕緩地旋轉攪拌，使每一顆咖啡粉都可以被熱水包圍，進而充分萃取。這個攪拌要訣適用於任何需要攪拌的沖煮方式（例如塞風壺）。

■壓下濾網時手要握著法國壓，若是感覺很緊而壓不下去時，請先稍微往回抽，之後便可以順利壓下了。

■沖煮完成之後一定要清洗乾淨，濾網最容易卡咖啡粉，要記得拆開清洗。

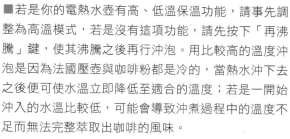
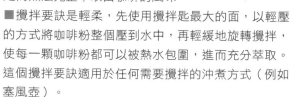

Filter
濾 沖 式

穩定注入的水柱以優雅的迴旋與咖啡粉共舞，萃取出純淨的咖啡
風味，濾沖式咖啡看似簡易，仍需要多加練習才能充分掌握注水
的技巧，是人、水與咖啡豆之間最直接的互動。

台灣的咖啡館──尤其是日系咖啡館最常用的沖煮方式是濾沖式，所以大家對它應該不會太陌生。事實上濾沖式確實是一個既簡單又可以表現咖啡特色的沖煮方法，所謂的簡單是因為所需要的器具很少，通常花個一千多塊錢便可購置一套濾沖器具，以簡單省事程度而言，僅次於法國壓。濾沖式因為經濾紙或濾布的過濾，所以咖啡中不會有咖啡渣。濾紙在過濾咖啡粉的同時也阻隔了咖啡油脂的通過，因此喝起來的口感比起法國壓要來得乾淨清爽許多，難怪日本人愛用。

濾沖式只是一個統稱，若是依照過濾材質的不同還可以分成三種：

■法蘭絨：布質的過濾材質，流速最快，但是清潔保養比較麻煩，每次使用後，光是使用清水清洗是不夠的，必須用熱水煮過才能確保乾淨，使用一段時間之後則必須更換新的法蘭絨濾布。

■濾紙：紙質的過濾材質，流速中等，濾紙用後即丟，不需擔心清潔保養的問題。濾紙有分漂白處理與木漂白處理兩種，前者顏色為白色；後者則為土黃色，使用上沒有差異。

■金屬濾網：在極薄的金屬片上打出無數個小洞作為過濾的材質，流速為三種材質中最慢的。因為不需要

濾紙或是濾布，所以沒有任何會耗損的部分，可以無限次使用。此外清潔也非常容易，使用後用清水沖洗即可，相當環保。

這裡我們可以看出這三種濾沖式因為過濾材質的不同，咖啡的流速也不一樣，因此沖煮技巧方面便要注意依流速調整浸泡時間的長短。

在濾沖式中必須要用到手沖壺，市面上手沖壺的型式有很多種，進口或國產的品質都不錯，當然質感多半與價格成正比。手沖壺的選擇要點在於壺嘴盡量拉長、管徑要小，因為這樣子出水會比較穩定。若是考慮到重心的因素，壺嘴與壺身的連接之處要越接近壺底越好，這樣對於剛開始使用的朋友來說也比較容易入手。

在此要特別建議濾沖式一次最好僅沖煮一人份，若要沖煮多人份的咖啡，勢必要增加咖啡粉量，咖啡粉量一增加便會使得浸泡時間拉長，連帶使得研磨粗細、注水速度等，都要一起調整，因此還沒有熟練之前，一次沖煮一杯是最能掌控咖啡品質的方式。

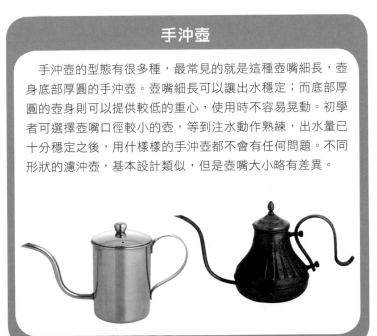

手沖壺

手沖壺的型態有很多種，最常見的就是這種壺嘴細長，壺身底部厚圓的手沖壺。壺嘴細長可以讓出水穩定；而底部厚圓的壺身則可以提供較低的重心，使用時不容易晃動。初學者可選擇壺嘴口徑較小的壺，等到注水動作熟練，出水量已十分穩定之後，用什樣樣的手沖壺都不會有任何問題。不同形狀的濾沖壺，基本設計類似，但是壺嘴大小略有差異。

圓錐狀濾杯內部，螺旋狀的溝槽可讓萃取更平順。

圓錐狀濾杯，比傳統濾杯更平均地萃取，個人認為是非常正確的設計。

【咖啡豆份量】
以15~20g的咖啡豆對150~200cc熱水。或隨各人喜好的濃淡酌量增減咖啡豆。

【研磨度】
中度研磨，顆粒與二號砂糖相當，可以依照個人經驗調整粗細。

【周邊器具】

濾杯（2~4人份大小，材質不拘，陶瓷或樹脂皆可。）　＋　濾紙（必須適合濾杯大小）　＋　手沖壺　＋　有容量刻度的杯子

Step

1 順著接合邊，分別從正反面將濾紙底部與側邊折起來。

2 折好後將濾紙平整的放入濾杯之內，並且稍微將其壓到濾杯底部。

3 研磨咖啡豆，趁磨豆機動作的時間裡注點熱水到濾杯中，將濾紙濕潤同時溫杯。

4 先將溫杯的水倒掉，再將磨好的咖啡粉倒入濾紙中。

5 用小湯匙或是手指將咖啡粉中間挖一個坑洞，坑洞的直徑約為咖啡粉覆蓋的圓形直徑的1/2，而深度則比直徑略淺些

6 從坑洞的中間注入小量而穩定的熱水，同時以順時鐘的方向往外繞，繞至咖啡粉邊緣時停止。

7 靜置30秒（這個過程稱為「悶蒸」），若咖啡豆是新鮮的，就會看到稍微膨脹起來的咖啡粉；反之就會看到中間整個塌陷的咖啡粉。

8 悶蒸結束後再次注水，這次的注水方式與步驟6相同，出水量也要穩定不間斷，不同的是繞到邊緣之後要再繞回中心，如此來回3~4回便可停止注水。待咖啡流到足夠的量便立即移開濾杯，完成整個沖泡動作。

【注水方式】

A

順時針繞出去，逆時針繞回來。

B

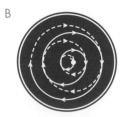

順時針繞出去，順時針繞回來。

法蘭絨沖煮方式

B

【咖啡豆份量】
以15~20g的咖啡豆對150~200cc熱水。或隨各人喜好的濃淡酌量增減咖啡豆。

【研磨度】
中度研磨，顆粒與二號砂糖相當，可以依照個人經驗調整粗細。

【周邊器具】

法蘭絨濾器 　　　 手沖壺 　　　 有容量刻度的杯子

Step

1 將剛磨好的咖啡粉倒入法蘭絨濾器之中。法蘭絨有兩面，一面是平整的纖維紋路；另一面是細柔的絨布，使用時前者在內後者在外。

2 在咖啡粉中挖個坑洞（坑洞的大小請參考濾紙式），之後注入熱水，進行第一次悶蒸。

3 待30秒後再次注水，進行第二次悶蒸，時間亦為30秒。因為法蘭絨的流速較其他兩種過濾方式快，為了不讓浸泡時間過短而使得咖啡萃取不足，所以再多進行一次悶蒸。

4 開始連續注水，方法同濾紙式的步驟8。

5 待咖啡流到足夠的量時便立即移開濾杯，完成整個沖泡動作。

【咖啡豆份量】
以15~20g的咖啡豆對150~200cc熱水。或隨各人喜好的濃淡酌量增減咖啡豆。

【研磨度】
中粗度研磨，粉末顆粒比二號砂糖約粗1/2，可以依照個人經驗與喜好略為調整粗細。

【周邊器具】

金屬濾網濾器

手沖壺

有容量刻度的杯子

Step

1 將剛磨好的咖啡粉倒入金屬濾網濾器之中。在咖啡粉中挖個坑洞，坑洞的大小與濾紙式相同。

2 從坑洞的中間注入小量而穩定的熱水，同時以順時鐘的方向往外繞，繞至咖啡粉邊緣時停止。

3 不需要悶蒸，一直順時鐘來回繞圈注水，注入的水量必須多於所需的水量，而且可以多一些。這是因為金屬濾網的流速很慢，浸泡時間相當充足，所以不需要悶蒸；而注入超量的水則是為了提供穩定的水壓，避免流速過慢而使得咖啡粉在水中浸泡時間過久。

4 待咖啡流到足夠的量時便立即移開濾杯，完成整個沖泡動作。

沖煮小技巧

■使用手沖壺的要點是出水量要穩定而連續，不要忽大忽小或斷水，更不要用很大的水柱去沖咖啡，注水的技巧必須透過多次練習才可以達到熟練的程度，同時要永遠把「溫柔沖煮」要訣放在心上。

■最好準備一個溫度計來測量沖煮的水溫，沖煮淺焙的豆子時盡量讓水溫在95~90℃之間；而深焙的豆子則是在85~90℃之間，不同的豆子與不同的烘焙深淺皆有適合的溫度，多嘗試幾次就知道了。

■不妨多嘗試繞圈的方式，可以從頭到尾全部繞同一個方向，也可以繞出去的時候順時鐘，繞回來的時候逆時鐘。此外，悶蒸的次數與時間長短也可以嘗試做一些改變。

■悶蒸的用意在於透過浸泡時間的拉長，讓咖啡豆中的風味可以更完整地萃取出來，這是為了順應濾沖式流速快、浸泡時間短的特點，所以悶蒸的次數與時間都可以依照咖啡豆的粗細而調整，若是整個注水過程可以不間斷，同時非常穩定地拉長注水時間，也可以嘗試不使用悶蒸。

■注入的水量可以比預定的量多一些，例如想要沖出200cc的咖啡時，可以注入250cc的水，一來是咖啡粉會吸收一部分的水，另一方面，在濾杯中留存一定的水量可以使整個沖煮過程因為上方有足夠的水壓而保持一致的流速，避免最後一部分的水在咖啡粉中停留過久。

冰滴咖啡製作方式 D

【咖啡豆份量】
約以咖啡豆和冰為 1：4 的比例去萃取。但是實際操作時冰塊的份量要更多，當咖啡到達所需的量時即可終止萃取動作。若覺得太濃可加冰水稀釋。

【研磨度】
中粗研磨，可依自身喜好微調。

【周邊器具】

濾杯
（越大越好）

濾紙

手沖壺
（或以其他茶壺代替）

有容量刻度的杯子

Step

1 依照濾紙沖煮的方式將濾紙折好放入濾杯中，再倒入剛磨好的咖啡粉

2 注入少量冰水，將咖啡粉完全濕潤即可。

3 放上足量冰塊，置於室溫下讓冰塊自然融化。

4 利用融化的冰水萃取咖啡。視剩餘的冰塊數量多少再加冰塊。

5 當量杯中的咖啡達到所需的量即可停止。

日本製的簡易冰低咖啡壺，咖啡粉放中間，冰塊放在上面的錐狀槽中，融化的水透過一個很小的孔往下滴，使用方便，效果也頗佳。

Syphon

HARIO
50A-3
MADE IN JAPAN
寒風壺

透過酒精燈的加熱，看到水從下壺逐漸升至上壺，然後在上壺與咖啡粉相遇，經過攪拌之後，將咖啡粉留在上壺而純淨的咖啡則回到下壺。許多人對於咖啡的印象可能就是來自於這個詩情畫意的虹吸式咖啡壺。

撇開詩情畫意的沖煮過程不談，塞風壺實際上是一種相當好的沖煮方式，它所呈現出來的風味與濾沖式頗為相似，主要原因在於這兩種煮法都透過濾紙（布）過濾咖啡粉，煮出來的咖啡都有一種乾淨雋永的質感。但如果仔細比較，塞風壺與濾沖式的咖啡風味還是有所不同，以我自己的經驗，濾沖式的口感比塞風壺更濃厚，入口後，中段到後段的香味消失得比較快；而塞風壺所煮出來的咖啡在細緻度與層次感都優於濾沖式，香味也比較出色，而且從咖啡入口到進入喉嚨之後的餘韻都很平穩，不會有後味消失過快的遺憾。

品嘗咖啡時，請試試交替使用塞風壺與濾泡式，將同一種咖啡分別用這兩種方式來沖煮，有些時候你會發現某些用濾沖式沖出來帶著點雜味的咖啡，用塞風壺煮的時候不但雜味消失了，而且更順口好喝。此外，塞風壺還有一個「穩定」的特點，只要掌握幾個大

原則便可以煮出水準之上的咖啡。下面便來談談這些大原則與使用塞風壺的方法。

這裡必須再次強調，本書所寫的沖煮方式都只是一種沖煮程序的建議，不是絕對不變的定則！初入門的新手可以照著解說與圖片，一步一步操作，熟練之後，自然可以藉由自己對咖啡風味的喜好與經驗做許多調整，例如：研磨粗細、沖煮時間、攪拌方式等，重點在於，用自己的舌頭與鼻子來判斷，找出自己喜好的口感與沖煮程序之間的關聯。

底下介紹兩種塞風壺的沖煮程序，一種是先將咖啡粉倒入上壺，水徐徐上升時順便浸濕咖啡粉；另一種則是等下壺的水全部升至上壺之後再倒入咖啡粉。只要沖煮過程控制得當，這兩種方式都可以將塞風壺的特點表現得很好，剩下的就是你比較喜歡（或習慣）哪一種而已。

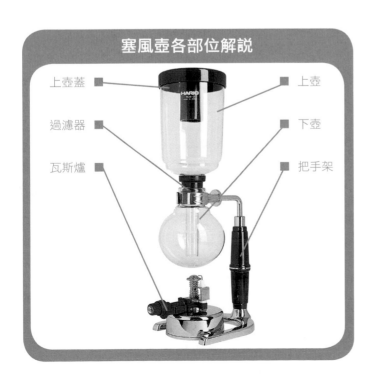

塞風壺各部位解說

上壺蓋　　上壺
過濾器　　下壺
瓦斯爐　　把手架

塞風壺
沖煮方式
保持輕柔、緩慢與穩定

A

【咖啡豆份量】
以15~20g的咖啡豆對150~200cc熱水。或隨各人喜好的濃淡酌量增減咖啡豆。

【研磨度】
中度研磨，粉末顆粒比二號砂糖再細一點。

【周邊器具】

溫度計　　　　攪拌匙　　　瓦斯爐　　　計時器

Step

1 將上壺的濾紙（布）裝好，先不要插上壺，用瓦斯爐以中大火加熱下壺的水。同時一邊將咖啡豆磨好，倒入已經裝好濾紙（布）的上壺之中。

2 下壺水溫到達93~94℃的時候，將火調小，讓水溫緩緩升到95℃。

3 將上壺插上，同時開始計時。水會開始緩慢地升至上壺，將咖啡粉浸濕。要注意的是不要讓水上升的速度太快，否則便將火再調小一點。

4 控制火力，讓水穩定的在上壺浸泡咖啡粉，約4分鐘後就要關火並且準備開始攪拌。攪拌時要緩慢而輕柔，攪拌的方向可以採繞圈或是前後移動的方式，這樣便可以在攪拌的同時將浮在上層的咖啡粉壓到水裡面，讓所有的咖啡粉都能浸到水。兩種攪拌方式也可以混合使用。

5 攪拌的同時靠近上壺聞味道，攪拌到一個程度的時候會聞到味道有點變化，那個變化點就是停止攪拌的時機。

6 攪拌結束之後，讓咖啡自然地降回下壺，不需要強制冷卻增快其下降速度。整個沖煮過程大約在6分鐘左右會結束。

沖煮小技巧

■ 這個煮法的重點在於整個過程要輕柔、緩慢與穩定，包括水的上升與攪拌，所以火力的調整很重要，不要過度加熱以免下壺的水剩得太少，使得下壺的水「呼嚕呼嚕」帶著一堆氣泡衝至上壺，因為這些衝上來的氣泡會過度翻攪上壺的咖啡粉，如此會使咖啡帶有輕微的澀味。所以當你發現下壺的水面高度已經快要低於上壺底部的管口時，請將火力調小一點或是將瓦斯爐移開一會兒。在實際經驗中，Hario 50A3比其他型號的塞風壺更適合用在這種煮法上。

■ 至於停止攪拌的時機，如果一開始聞不出來氣味變化，沒有關係，多練習幾次就一定可以抓到！要不然就先以攪拌十下（圈）作為上限，之後再依照口感來決定攪拌的圈數。

■ 因為整個過程需要6分鐘左右，所以咖啡粉不要磨得太細，以免萃取過度。

塞風壺沖煮方式

B

一分鐘完成的快速沖煮法

【咖啡豆份量】
以15~20g的咖啡豆對150~200cc熱水。或隨各人喜好的濃淡酌量增減咖啡豆。

【研磨度】
中細度研磨,粉末顆粒比方式的再細上1/4。

【周邊器具】

濕布一塊　　攪拌匙　　瓦斯爐　　計時器

Step

1 將上壺的濾紙(布)裝好,但先不要插上壺,用瓦斯爐以中大火加熱下壺的水。

2 等到下壺水溫到達95℃時將火力調至中火,再插入上壺,讓水全部升到上壺。趁著水上升至上壺的這段時間將咖啡豆磨好,同時準備好一塊濕布。

3 將磨好的咖啡粉倒入上壺,並開始計時。

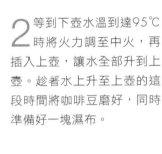

4 咖啡粉倒入後立即壓粉與攪拌。一定要充分的攪拌讓每一顆咖啡粉末都完全被水包圍,要輕柔與穩定,手腕也要同時轉動,以攪拌匙的最大面積去攪拌咖啡粉。

5 第一次攪拌到咖啡粉均勻散在水中之後停止,時間大約是15~20秒左右(時間僅供參考,請隨經驗調整)。靜置約20秒。第二次攪拌,要領與第一次攪拌相同,時間大概是10~15秒。攪拌完成後立即移開火源。

6 用準備好的濕抹布包覆住下壺,使下壺快速冷卻,讓上壺的咖啡盡快下降。整個沖煮時間大約在1分鐘左右。

沖煮小技巧

■方式B的沖煮時間比方式A縮短許多,所以咖啡豆也要研磨得更細,可以利用磨豆機的刻度作為調整的參考。當下壺的水全部升至上壺時,不要立即倒入咖啡粉,稍等一下,讓水溫與氣泡上升穩定之後再倒。要注意火力不要調太弱,否則會造成下壺無法提供足夠的蒸氣壓力而使上壺的水提早下降!

塞風壺
沖煮小技巧

a 建議加熱源最好使用瓦斯爐而不要使用酒精燈，因為瓦斯爐頭的火力較強而且火力大小調整容易。但是每一次使用前請確認瓦斯是否充足，以免煮到一半瓦斯沒了。

b 過濾用的濾布每次使用後不僅要清洗，而且要用熱水煮過，這樣才會乾淨，使用一段時間後也要更換。如果看到下壺乾淨的水經過濾布上升至上壺卻變成淡咖啡色時，就表示濾布沒有洗乾淨。如果覺得麻煩，推薦使用塞風壺專用濾紙，除了方便之外也不會有濾布乾淨與否的問題。

c 塞風壺的沖煮過程中會需要穩定的火焰，所以擋風板是必需的，沒有擋風板你將有可能煮到一半因為火力不穩定而失敗。

d 塞風壺的大小與形狀會因為廠牌與型號而有一些差別（標準版本是Hario的產品），而容量從2~5杯份都有，使用方式雖然沒有什麼差異，但是最好不要想一次煮許多杯而買太大的，一次煮一杯才是維持咖啡品質最好的方法，建議買3杯份大小即可。特別要注意，這裡所謂的一杯份是200cc左右，若是在塞風壺的下壺中大概會到2杯的那一條基準線，而咖啡粉的用量則與濾沖式一樣，大約是15~20g。

e 攪拌時要溫柔，不要像是洗水彩筆似地在上壺亂攪一通！但是攪拌溫柔並不是說攪拌的速度很慢，而是力道放輕同時速度穩定，然後配合手腕的轉動，讓攪拌繞圈的過程中，面對咖啡粉的一直都是攪拌匙最大的那一面。

f 建議沖煮的時候使用可計時的手錶（或碼表），這樣以後才能夠針對問題作時間上的修正，例如浸泡時間的長短。

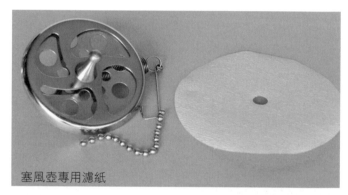

塞風壺專用濾紙

擋風板

【 塞風壺攪拌方式 】

A   B

來回攪拌   繞圈攪拌

Mocha
摩卡壺

在義大利，摩卡壺是最常被一般家庭使用的沖煮方式。只要掌握
要領，用摩卡壺也能煮出類似Espresso般帶著Crema的香濃咖啡，
同時古典樸出的造型與有趣的沖煮方式也增添不少情趣。

一般我們常常聽到的「摩卡」這個名詞，並不單指咖啡豆，而是包含了多重的意思：

■咖啡豆的名字：通常是指葉門或是衣索比亞出產的咖啡豆，因為從前這些地方的咖啡豆都是從葉門的摩卡港出口，所以通稱為摩卡；即使摩卡港早就因為淤積而消失，但是許多咖啡豆還是習慣用摩卡來當名稱，例如產自葉門的「葉門摩卡」、產自衣索比亞的「摩卡哈拉」等等皆是。

■加了巧克力醬的拿鐵咖啡：這是因為摩卡豆有一些類似巧克力的味道，所以後來便被引申成為加了巧克力醬的咖啡。

■一種義大利的傳統咖啡壺：摩卡壺是1933年由義大利的Alfonso Bialetti先生所發明，因為使用方便，幾乎每個義大利家庭都有一只。

正如前面所說的，摩卡壺因為實在是太普及了，所以許多廠商都將摩卡壺的造型做得很優美，有些甚至作為擺飾比拿來實際使用更適合，其中最負盛名的產品還是由發明人創辦的Bialetti公司所生產的「Brikka」摩卡壺，八角形的壺型堪稱為摩卡壺的經典，Brikka的特殊之處是咖啡導管出口有一個聚壓閥，可以提高萃取壓力，使沖煮出來的咖啡表面有一層Crema。

不論外觀如何設計，各家廠商生產的摩卡壺構造都是大同小異，基本上可以分為上壺、下壺與濾器等三大部分。摩卡壺雖然來自義大利，但是沖煮的方式卻

比較類似塞風壺——下壺的水加熱之後便產生蒸氣，當蒸氣壓力到達一定程度便將熱水推至上壺，在熱水流往上壺的途中經過濾器中的咖啡粉，萃取出咖啡的精華。

與塞風壺不同的是，摩卡壺的咖啡並不會回到下壺而是直接留在上壺，但是因為上壺的底部有濾網的設計，所以咖啡粉並不會一起進入上壺。有些人會覺得摩卡壺喝起來比較濃，這是因為同樣的咖啡粉量但是用的水卻比較少所形成的濃縮現象。雖然摩卡壺煮出來的咖啡已經比一般煮法更濃縮，但因為並沒有使用高壓萃取的方式，所以還不能稱為Espresso。

聚壓閥特寫

聚壓閥與無聚壓閥對照

摩卡壺部位解說

上壺 ■
下壺 ■
洩壓閥 ■
過濾器 ■

摩卡壺沖煮方式

【咖啡豆份量】
以14~18g的咖啡豆，水以不超過洩壓閥為原則。或隨各人喜好的濃淡調整水量。

【研磨度】
中細度研磨，顆粒比二號砂糖細約1/3。

【周邊器具】

五人份的摩卡壺　　爐子　　濕抹布　　溫度計

Step

1 將水注入下壺，特別注意下壺水量千萬不可以超過洩壓閥，這是一個安全機制，能避免壓力過大產生的問題，若是被堵住的話可能會造成難以想像的後果。

2 將下壺單獨加熱，但是先不要將濾器放進去，也不要把上壺鎖上。

3 趁加熱下壺的時候研磨咖啡豆。磨完後將咖啡粉倒入濾器中，只要將咖啡粉表面抹平即可，不需要填壓。

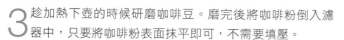

4 待水溫到達95℃時，將裝了咖啡粉的濾器放入下壺，並且在最短的時間內將上壺鎖上。

5 再加熱一下，咖啡會從上壺的導管中流出來，當聽到蒸氣噴出的嘶嘶聲時就表示下壺的水已經全部上來了，這時候就可以關火，完成沖煮程序。

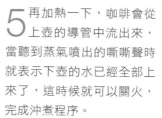

沖煮小技巧

■之所以建議選擇五人份的摩卡壺，是因為小摩卡壺的濾器所能放的咖啡粉量都不足，勉強使用很可能會得到一杯萃取過度的苦澀咖啡！只有五人份以上的摩卡壺才放得下14g以上的咖啡粉量。

■有的摩卡壺中會附一片減量板，本來的用意是在咖啡粉量少的時候壓在濾器中的咖啡粉上，但是我們建議的咖啡豆量都在14~18g，幾乎填滿整個濾器，所以減量板就不需要使用了。

■有些摩卡壺有聚壓閥的設計，可以提供比一般摩卡壺更大的萃取壓力。用這種摩卡壺可以煮出帶著Crema的咖啡。

Espresso

義式濃縮

8~9個大氣壓力將熱水推進填壓密實的咖啡粉中，穿過每一個顆
粒之間的空隙，萃取出濃濃的深赭色液體。兩、三口飲盡，強烈
的口感與豐厚的餘味，使人無法忽視它的存在，這就是
Espresso。

毫無疑問，Espresso是目前全世界最紅的咖啡明星，許多人提起咖啡就只想到Espresso，忘了咖啡其實還有其他的沖煮方式。在歐洲許多國家，例如，在法國、義大利、西班牙等地，當你走進咖啡館跟侍者說「Café」時，所代表的就是一杯Espresso。（嚴格說應該是：一杯用Espresso機器煮出來的咖啡。）即使大部分的咖啡沖煮方式都是由歐洲人所發明，但是現在在歐洲絕大多數的咖啡館早已被Espresso攻陷，少有其他沖煮方式的生存空間。

我曾無意間在坊間的雜誌上看到介紹咖啡的文章，裡面提到Espresso的沖煮：「Espresso是利用高壓蒸氣通過咖啡粉，瞬間萃取咖啡粉中的精華。」這一段文字中有一個嚴重的錯誤，就是「蒸氣」兩個字！沖煮Espresso是用熱水而非蒸氣，正如本書前面提過：沸騰的熱水不適合沖煮咖啡，溫度過高的水只會把咖啡粉灼傷，而不會萃取出更多的芳香物質！接近100℃的熱水都已如此，更何況是溫度超過100℃的水蒸氣！所以千萬別被錯誤的文字誤導。

正確的Espresso沖煮原理應該是：咖啡機鍋爐中的熱水透過機器幫浦的加壓，以8~9個左右的大氣壓力將熱水推進填壓密實的咖啡粉之中，這些被擠壓的熱水將會被迫鑽過咖啡粉中的每一個空隙，同時萃取出咖啡粉中的精華，最後得到一杯30cc深赭色、濃稠如糖漿般的Espresso！

相較於前面介紹的幾種沖煮方式，Espresso需要的條件更是嚴苛，換句話說就是Espresso非常敏感，任何一個環節出差錯都會得到一杯難以入口的咖啡，經驗老到的咖啡玩家甚至只要看咖啡的顏色與流速就知道這杯Espresso正確與否！

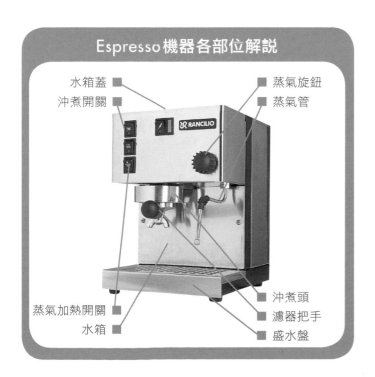

Espresso機器各部位解說

水箱蓋　　　　　　　　　蒸氣旋鈕
沖煮開關　　　　　　　　蒸氣管

蒸氣加熱開關
水箱　　　　　　　　　　沖煮頭
　　　　　　　　　　　　濾器把手
　　　　　　　　　　　　盛水盤

察，可以看到70％以上都是Crema！但是隨著時間的流逝，Crema變得越來越薄，最後完全消失，此時這杯Espresso就不再適合品嘗了。

深赭色的Crema是判斷Espresso正確與否的重要指標之一，如果一杯Espresso表面的Crema不是深赭色而是其他顏色（最常見到的是金黃色或白色），那麼這杯Espresso喝起來很可能不會令你太舒服。（也有例外的情形，就是如果用Espresso沖煮淺焙的單品豆時，Crema的顏色通常會比較淺。）

除了深赭色的Crema之外，判斷一杯Espresso優劣的另一個指標就是Espresso是否濃稠如「醬油膏」。仔細觀察從機器流出來的咖啡液體，若是正確的Espresso就可以清楚看到流出來的液體非常濃稠，呈現出一種極為凝聚的膏狀；反之則是稀薄如水的咖啡色液體，不但不凝聚還會有噴濺的現象。

最後一個判定優劣的指標則是你的舌頭，即使是符合上述兩個條件也不絕對就是一杯好的Espresso，得喝到口中才會知道這杯Espresso是否符合你的標準，通常一杯30cc的Espresso在煮完之後，應該於1分鐘之內喝完。

雖然Espresso已成咖啡館的主流，但很可惜的是，真正符合標準的家用Espresso機器卻非常少，幾乎所有的專業咖啡機製造商都把重心放在營業用機種上，不是價格高昂就是體積龐大，只有極少數發燒玩家才會買來在家中使用。市面上許多家用Espresso機器在設計上都有缺陷，像是壓力不正確、溫度過高、可容納的咖啡粉量太少等等，根本無法煮出一杯好的Espresso！

幸好有極少數的專業廠商注意到家用市場，他們以營業用機種的標準來製造家用機，為想在家中享受優質Espresso咖啡的愛好者提供了一支正確的鑰匙。

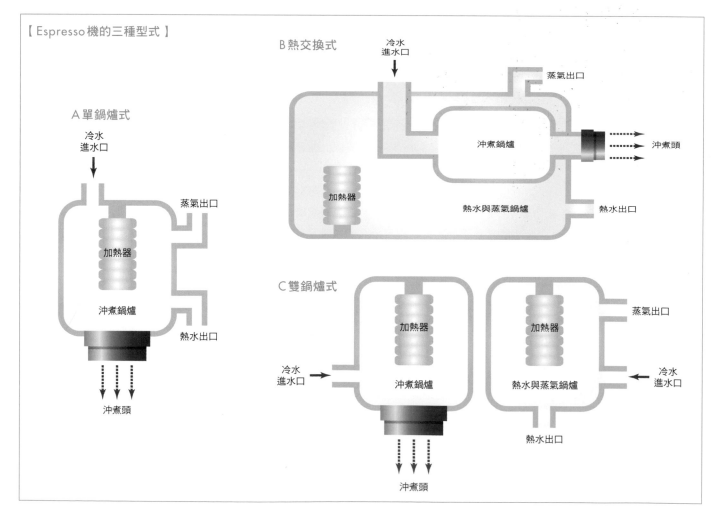

手壓式Espresso機型

外型古典的Espresso機。利用手壓槓桿，提供萃取所需的壓力，因此缺點是壓力不穩定。但因為是封閉型加熱系統，所以沖煮過程的水溫相當穩定。

手壓式Espresso機型。英國設計製造的Presso，是更為簡便的手壓式機型，整台由鋁合金與壓克力組成，壓力來源是左右兩支用齒輪相連的槓桿。Presso沒有加熱機制，沖煮前必須從上方注入熱水，煮出來的Espresso其實不錯。

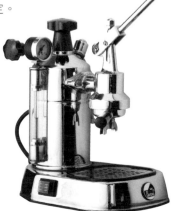

Milk Steaming

製作綿密細緻的奶泡

奶泡關係著一杯花式咖啡的成功與否，好的奶泡應該是泡泡非常細密，細密到眼睛看不出來牛奶裡面有泡泡，但是搖晃起來卻呈現濃稠的質感。成功的奶泡除了綿密之外還軟硬適中，可與Espresso完美混合，入口可以同時享受到牛奶的香甜與咖啡的濃郁。

許多人到大型的連鎖咖啡店喝咖啡，最常點的不外乎卡布奇諾（Cappuccino）或是拿鐵（Café Latte），如果做一個咖啡排行榜，這兩種花式咖啡肯定名列前茅。其實這兩種咖啡都是以Espresso為基底，加上熱牛奶與綿密的奶泡；而卡布奇諾與拿鐵的區別也僅是奶泡與牛奶的份量多寡。這兩種咖啡會這麼受歡迎，我想最主要的關鍵還是在於奶泡！

其實奶泡的原理很簡單，就是牛奶與空氣細密混合的產物，製作奶泡的方式便是將空氣打入牛奶中。雖然原理簡單，但是奶泡的好壞與咖啡喝起來的口感有著密切的關係，最常見的情況就是太多的空氣進入牛奶中，產生過粗的硬質奶泡，這樣的奶泡會浮在表層而無法充分與咖啡混合，所以喝的時候享受不到奶泡與咖啡充分混合的細密質感；但若是空氣不足時奶泡就會很稀薄，這樣的奶泡與咖啡混合之後充其量只是一杯咖啡牛奶，口感也將大打折扣。

所以，恰到好處的奶泡關係著一杯花式咖啡的成功與否，好的奶泡應該是泡泡非常細密，細密到眼睛看不出來牛奶裡面有泡泡，但是搖晃起來卻呈現出濃稠的質感。成功的奶泡除了綿密之外還軟硬適中，可與作為基底的Espresso完美混合，入口可以同時享受到牛奶的香甜與咖啡的濃郁。

奶泡的做法分為熱、冷兩種，在咖啡館中，熱奶泡是用Espresso咖啡機的蒸氣噴嘴，將蒸氣打入牛奶中，一方面使空氣與牛奶混合；另一方面則替牛奶加熱。這種方式相當有效率，而且可以打出質感十分柔細的奶泡。在家中如果要用這種方式打奶泡，就得花錢買一台專門做蒸氣奶泡的機器，如果不想花太多錢，用奶泡壺手工製作也可以打出品質不錯的奶泡。

奶泡壺非常像是法式壓濾壺（或是說沖茶器），主要差別在於奶泡壺的網目比較粗，外殼的材質可分為玻璃與不鏽鋼兩種。玻璃材質的奶泡壺可以放進微波爐加熱，而不鏽鋼材質則可以直接在爐火上加熱，各有其便利之處。奶泡壺除了成本便宜、使用簡單之外還有一個好處，就是可以打熱奶泡也可以打冰奶泡，所以只要一個奶泡壺就可以隨自己的喜好做出熱拿鐵或是冰拿鐵。

以奶泡壺製作手工奶泡

1 將牛奶倒入奶泡壺，份量不要超過奶泡壺的1/2，否則製作奶泡時牛奶會因為膨脹而溢出來。

2 將牛奶加熱到60℃左右，但是不可以超過80℃，否則牛奶中的蛋白質結構會被破壞。注意！蓋子與濾網不可以直接加熱。（如製作冰奶泡則將牛奶冷卻至5℃以下，當然，不要冰過頭而讓牛奶結冰了。）

3 將蓋子與濾網蓋上，快速抽動濾網將空氣壓入牛奶中，抽動的時候不需要壓到底，因為是要將空氣打入牛奶中，所以只要在牛奶表面動作即可；次數不需太多，輕輕地抽動20下左右即可。

4 移開蓋子與濾網，用湯匙將表面粗大的奶泡刮掉，留下的就是綿密的熱（冰）奶泡。

蒸氣奶泡機

1 先不要將蒸氣管伸進牛奶中，因為蒸氣管中可能有一些凝結的水，所以先把前段的蒸氣放掉一些，順便排出多餘的水分。

2 將溫度計插入容器中，然後將蒸氣管斜斜插入牛奶裡，打開蒸氣開關。

3 慢慢地將把蒸氣噴嘴位置調整到距離牛奶表面一點點的地方，但是千萬不要高於液面，否則牛奶會濺得到處都是。當位置正確的時候會聽到一種平穩的「嘶嘶」聲，否則就會很大聲或是幾乎沒有聲音。

4 當奶泡充足之後，就可以將蒸氣管埋深一點，讓蒸氣繼續替牛奶加溫。蒸氣管埋的角度最好是剛好可以使牛奶旋轉。

5 溫度到達60~70℃之間的時候就可以關掉蒸氣開關。

6 用濕抹布將附著在蒸氣管上的牛奶擦乾淨，同時再放出一些蒸氣，以免牛奶乾了之後難以清理。

製作奶泡小技巧

■請使用全脂牛奶，因為脫脂牛奶的脂肪含量低，所以奶泡口感會比全脂的差。

■若是覺得直接加熱會讓牛奶黏底的話，可以用隔水加熱的方式。

■要用蒸氣打奶泡可以買一台專用的蒸氣奶泡機，或是使用Espresso機器上的蒸氣噴嘴（雖然不是很建議，但是湊合著用也還可以）。

■打蒸氣奶泡的要點是：蒸氣噴嘴的角度、深度與牛奶的旋轉。

■用不完的熱奶泡可以放入冰箱或是隔著鋼杯用冰塊將其冷卻，溫度降至10℃以下之後可以再拿出來重新打奶泡，使用前記得先將浮在表面的舊奶泡刮除。

■奶泡壺使用後要立即清洗，尤其是濾網更是要徹底清潔。

■可以隨自己的喜好在最後完成的咖啡中加入各式的糖漿，例如焦糖、榛果、杏仁或是巧克力，如此一來保守的拿鐵咖啡便搖身一變成香甜動人的花式咖啡。

■腸胃對牛奶不適應的朋友可以用沒有加糖的豆漿來取代牛奶，一樣可以打出奶泡（應該叫作豆漿泡比較合適），當然風味也會有差異。

進階技巧——拉花

　　以Espresso為底所衍生出來的卡布奇諾或拿鐵是那麼地令眾人喜愛，但除了口感的完美之外，為了使咖啡的呈現更上一層樓，「拉花」（或稱「雕花」）這個技巧便因此而生。當一杯比例恰到好處的卡布奇諾配上美麗的拉花同時呈現出來時，毫無疑問的，伴隨的一定是讚嘆的聲音與放大的瞳孔！

　　其實「拉花」所呈現的並不一定是一朵花，通常是一片類似蕨類的葉子。因為很吸引人，有人便在這樣的基礎上開發出其他圖樣，所以你也有可能看到心形或鬱金香等圖案。

　　要拉出漂亮的花必須以綿密細緻的奶泡作為前提，加上平穩有節奏的手部晃動即可。除此之外，一個窄口寬底的尖嘴拉花杯也是必要的。
當然一杯萃取正確的Espresso也不可忽略，畢竟這是一杯要入口的飲料而非純粹觀賞的藝術品，拉花的成功與否並不會影響一杯咖啡的好壞！

拉花方式

1 沖煮Espresso，建議直接將Espresso盛接在所需要的杯子中。接著打奶泡，完成後若是表面浮有較粗的奶泡請先將其去除。

2 徐徐將打好的奶泡倒入剛完成的Espresso中。當倒入的奶泡與Espresso已經充分混合時，表面會呈現

濃稠狀，這時候便是開始拉花的時機（通常此時杯子裡已經半滿了）。

3 拉花的開始動作便是左右晃動拿著拉花杯的手腕，重點在於穩定地讓手腕做水平的左右來回晃動。請注意，這個動作純粹只需要手腕的力量，不要整隻手臂都跟著一起動。當晃動正確時，杯子中會開始呈現出白色的「之」字形奶泡痕跡。

4 逐漸往後移動拉花杯，並且縮小晃動的幅度，最後收杯時往前一帶順勢拉出一道細直線，畫出杯中葉子的梗作為結束。

【 拉花示意圖 】

A 葉子型　　　　　　B 心型

從杯子中心開始　　　從杯子1/3處開始

花式咖啡的配方

下面提供大家一些花式咖啡的配方給大家參考,在品味純咖啡之餘,來點加了牛奶或是糖漿的花式咖啡,放鬆一下味蕾也是件愉快的事情。沖煮花式咖啡的程序是:先沖煮Espresso,等到Espresso煮好後再打奶泡,這樣的程序可以確保Espresso的品質。若是你用的是奶泡壺的話,在沖煮Espresso之前可以先加熱牛奶;若是你是用營業機的話,程序依然相同,只是省略了加熱牛奶這一個步驟。

沖煮小祕訣

■沖煮熱咖啡之前記得先溫杯;若是冰咖啡則記得先放些冰塊在杯子中。

■人的舌頭在低溫下對於甜味較不敏感,加上冰塊會融化,所以可視情況多加一點糖漿。

■調製冰的花式咖啡時可先將糖漿加在牛奶中再打奶泡,這樣整杯就會有均勻的甜味。

■摩卡的巧克力醬可以最後再淋上去,並以螺旋的方式從外圈往圓心繞,增加其美觀。

品名	熱	建議容量	冰	建議容量
卡布奇諾 Cappuccino	30cc Espresso 60%熱牛奶 40%熱奶泡	250cc	不建議沖煮	
拿鐵 Café Latte	30cc Espresso 80%熱牛奶 20%熱奶泡	350～500cc	30cc Espresso 80%冰牛奶 20%冰奶泡 3/4oz果糖	350～500cc
調味拿鐵 (焦糖、榛果或 是杏仁)	30cc Espresso 80%熱牛奶 20%熱奶泡 1/2oz調味糖漿	350～500cc	30cc Espresso 80%冰牛奶 20%冰奶泡 3/4oz調味糖漿	350～500cc
愛爾蘭 Café Irish	30cc Espresso 80%熱牛奶 20%熱奶泡 1/2oz果糖 1/2～1oz愛爾蘭威士忌	350～500cc	在低溫狀態下,威士忌的酒香無法充分發散,所以不建議沖煮	350～500cc
摩卡 Café Mocha	30cc Espresso 80%熱牛奶 20%熱奶泡 1oz巧克力醬	350～500cc	30cc Espresso 80%冰牛奶 20%冰奶泡 1.5oz巧克力醬	350～500cc
冰淇淋義式布雷索 Ice Cream Espresso	不建議沖煮		30cc Espresso 兩球香草冰淇淋	

Part 3

烘焙屬於你的咖啡風味
Home Roasting

烘焙對於咖啡豆的風味有著決定性的影響，同樣的咖啡豆以不同方式烘焙也會產生不同風味，如果再把新鮮度與經濟性考慮在內，自己在家烘焙將是一個很好的選擇。烘焙其實沒有你想像中那麼難，就從現在開始，自己嘗試烘焙出屬於你特有的咖啡風格吧！

Magic Roasting

點石成金的化學魔術——烘焙

烘焙可以說決定了咖啡豆70％的表現，至於沖煮，只是將剩下的30％發揮而已。一款出色的咖啡豆若是烘焙失敗，不論用什麼方式、請任何高手來煮，都不可能出現好味道；反之，若是一款平庸的咖啡豆經過巧手烘焙，很有機會將實力發揮到110％！所以千萬不可以看輕烘焙在一杯咖啡誕生過程的地位。

就如同其他強調產地特色的飲料，如葡萄酒、茶一樣，咖啡之所以吸引人是因為其獨特與多樣。每一個產區的咖啡都有不同的味道，即使是同一個莊園，只要是不同的採收年份（甚至是不同的採收批次）都會有不一樣的味道，造成差異的原因不外乎日照、降雨量與溫度高低等與植物生長的有關因素。最近遇到一個明顯的例子：肯亞AA+ Samburu，在Samburu這個著名的莊園所出產的咖啡豆一直有著極高水準的表現，2001年的Samburu有一股濃濃的煙燻烏梅的味道，加上非洲豆向來為人稱道的明亮酸味，所以沖煮出來的Samburu喝起來十分像是沒加糖的烏梅汁；但是這項特色在2002年的Samburu卻不明顯，取而代之的是另一種濃厚的藍莓漿果味道，雖然沖煮出來的咖啡同樣好喝，但是卻讓人訝異，僅僅相差一年，兩者之間的差異竟然如此大。

除了產區與年份的差異，對咖啡風味影響最大的因素莫過於烘焙。事實上，烘焙對於咖啡的重要性可能超乎一般人的想像，每一種咖啡豆都有最適合的烘焙深淺程度，有的範圍很窄，有的卻很寬。大體而言，烘焙對於風味的影響走向是：烘得淺，香氣會比較奔放，質感會比較乾淨而且酸味的表現會很出色；烘得深，香氣會比較內斂，質感會比較厚重而且甘甜味會被突顯，但是沒有處理好的話則會出現惱人的苦味。所以烘焙的深淺程度必須搭配咖啡豆本身的特性，例如，水果香味突出、有茶一般質感的耶加雪菲，自然得用淺焙來突顯其柑橘香氣與清爽的口感，至於深焙無異是暴殄天物，因為所有耶加雪菲的特色都因為烘焙過深而消失了！

烘焙對於咖啡風味的影響之大，可以說決定了咖啡豆70％的表現，至於沖煮，只是將剩下的30％發揮出來而已。一款出色的咖啡豆若是烘焙失敗，不論用什麼方式、請任何高手來煮，杯子裡的咖啡都不可能出現好味道；反之，若是一款平庸的咖啡豆經過巧手烘焙，就很有機會將其實力發揮到110％！所以千萬不要忽略烘焙的重要。

陶製的直火式烘豆器

Roasting Guide

烘焙實戰入門

「沒有烘出來的味道，是不可能出現在杯子裡面的；至於沖煮，則是避開烘焙產生缺點的一個手段。」這是眾家咖啡高手都會同意的觀點，但是在烘焙的過程中到底咖啡豆發生了什麼事情？所謂的第一爆、第二爆是指什麼？現在就讓我們來從頭了解烘焙的相關知識吧！

為什麼要自己烘焙咖啡豆？因為此舉是享有新鮮咖啡豆的最佳方式！本書一開始就不斷強調新鮮的重要，如果你曾經比較過，應該就會了解咖啡豆的新鮮與否對於煮出來的咖啡風味差異有多大。但是自己烘焙真的只是為了咖啡豆的新鮮而已嗎？因為現在已經有許多國內的咖啡廠商提供新鮮的烘焙豆（包括透過網路），新鮮到等你確認訂購之後才下鍋烘焙，通常你收到的時候都距離起鍋還未滿24小時！所以到底是什麼吸引我們自己在家烘焙呢？

我想最主要的原因莫過於：透過自行烘焙，可以按照自己的喜好創造出屬於你的獨特風味。此外，自己烘焙還可以大幅降低喝咖啡的成本，怎麼說呢？目前市面上一磅烘好的高級咖啡豆大概需要350~700元之間（這裡的高級咖啡豆所指的是精品咖啡，而不是品質普通的一般咖啡，普通咖啡豆的價格會低到一磅200~250元左右），但是咖啡生豆一磅的價格大概只要180~250左右，而這還是一次買一磅的價格，若是買多一點的話價格還會更低！所以成本比起烘好的咖啡豆可降低大約二

分之一，只要多付出一點時間即可，不管從那方面來看都十分划算。

從成本面來看，自行烘焙是咖啡館降低營運成本的最佳投資，因為以營業所需要的咖啡豆量相當大，以這種數量購買生豆時都是以數十公斤為單位來計算，單價自然會更低，大概只要半年就可以回收營業用烘豆機的成本，同時還可以標榜新鮮的自家烘焙與兼賣烘焙好的咖啡豆，保證是一舉數得（不過前提是咖啡豆要烘得好）！

比你想像中更容易

烘焙咖啡豆可以說是一件既簡單又困難的事情。之所以簡單是因為只要你會開瓦斯爐或是會把插頭插入插座，就已經會烘焙了；之所以困難是因為要把咖啡豆烘得恰到好處，就需要許多時間與經驗的累積。換句話說，要把咖啡豆烘出來簡單，要把咖啡豆烘得好卻不容易！但大體而言，烘焙還是比你想像中容易許多，事實上在二次大戰之前，絕大多數的咖啡豆都是在家中自行烘焙，戰後由於大型商業烘焙的普及，所以大家便逐漸忘了烘焙咖啡豆其實是一件很尋常的事情。

在一些生產咖啡豆的國家，招待客人的咖啡依然是現烘現煮，藉此展現主人最誠摯的歡迎。所以不需要擔心自己烘焙的咖啡豆不夠好，至少，光是新鮮度就足以超越大多數市售品牌的商品。至於其他的烘豆訣竅只要多練習幾次便可以掌握，而且透過自己烘焙的過程，很快就可以找出屬於你自己的咖啡品味，所以放心開始吧！尤其是對咖啡有著無比熱情的朋友，投身烘焙的世界絕對是提升咖啡造詣的唯一道路！

傳統爆米香設備也可用來烘咖啡豆（大鋤花間提供）

烘焙的過程

簡單地說，烘焙就是直接對烘焙物直接加熱。跟煮菜不一樣，烘焙時不需要用到油、水，也不用加鹽或糖。只要將咖啡生豆放在耐熱的容器中，然後放到火上去加熱，在加熱的同時不停的翻攪咖啡豆，讓每一顆豆子都均勻受熱，到達我們想要的程度之後停止加熱即可。其實整個過程有點像是烤肉，只是烤的東西是咖啡豆。

咖啡從生豆經過烘焙而變成熟豆的過程相當戲劇化，若沒有經過烘焙，咖啡不會出現我們所熟知的香味，也不會在味蕾上綻放複雜的口感，當然也就不會像目前這麼普及了！咖啡豆還未烘焙之前聞起來有一股生生的青草味，有些乾燥處理的生豆甚至還有一種發酵的臭味！生豆經過烘焙變成熟豆的過程稱為「焦糖化」，在焦糖化過程中，咖啡豆裡面的醣類、脂肪、蛋白質與氨基酸等物質開始相互作用並且結合，結果就是從一開始的兩百多種物質到最後產生超過八百種以上的物質，像是大家所熟知的咖啡香味就是焦糖化之後所產生的類黑色素的味道。

■第一爆：咖啡生豆一般還含有10％左右的水分，當烘焙開始的時候，這些水分將會是首先從咖啡豆中跑出來的東西，所以一開始的這個階段稱為「脫水」。隨著溫度逐漸上升，咖啡豆內部的氣體與水分會因為要逸散出來而開始給細胞壁壓力，當壓力累積到20～25個大氣壓時便會把細胞壁衝破，這時候就會聽到爆裂聲，我們稱這個階段為「第一爆」，此時的溫度約在190～200℃左右。因為每次烘焙都是以批為單位，所以有的豆子會比較早爆裂、有的比較晚，因此一開始一定是零星的爆裂聲，然後聲音逐漸密集，最後又漸漸地稀疏乃至於結束（建議記錄開始與結束的時間）。此時咖啡豆的顏色已經不是一開始的土黃色，而是呈現稍淺的咖啡色，一般的咖啡豆至少都會烘到這個程度才起鍋，我們稱這種烘焙程度為「淺焙」。

■第二爆：第一爆結束時的溫度大概在205℃左右，之後隨著加熱的繼續，溫度繼續升高，咖啡豆的顏色會逐漸變深，當溫度到達230℃，咖啡豆還會再發出爆裂的聲音，這就是「第二爆」。第二爆的聲音細小而且頻率比較高，跟第一爆不太一樣，同時咖啡豆表面的膜會脫落，進入第二爆的咖啡豆顏色會更深，同時表面開始出現油光。

■深焙：第二爆結束之後就進入深焙的程度了，這時候咖啡豆變成油亮的黑色不說，還會冒出大量的煙，家裡要是裝有煙霧偵測器，最好先將警報器關掉，免得弄得整棟大樓都知道你在烘咖啡！到了這個程度溫度通常還未超過240℃，若是還想做更進一步的極深焙，那就得將溫度提升至240℃以上，這時候的咖啡豆的表面就會變成幾乎是黑色，同時顯得非常油膩。而這大概也是咖啡豆烘焙深度的極限了，再烘下去保證咖啡豆一定會燒起來，成了道地的現烤咖啡豆。

停止烘焙的時機

什麼時候要停止烘焙？可從以下幾點來判斷：

■咖啡豆顏色：因為咖啡豆在不同程度烘焙時會呈現不同顏色，所以顏色成為最常用的烘焙深度依據，這種方式可以套用在大部分的咖啡豆上，但是有某些咖啡豆比較特殊，例如肯亞豆的顏色就會比一般的咖啡豆更深許多，這時候就要特別注意。

■烘焙時間：詳見「時間／溫度曲線圖」（P84）。

■烘焙溫度：詳見「時間／溫度曲線圖」（P84）。

■煙的濃淡：咖啡豆的烘焙進入第二爆之後會開始冒煙，從煙的濃淡可以判斷烘焙的程度，但是由於每一種咖啡豆的特性不同，因此必須累積長期的烘焙經驗後才能正確決定停止烘焙的時機。

事實上停止烘焙的最佳時機是在到達所需烘焙深度的前一刻！因為停止烘焙之後咖啡豆還會因為自身保有的熱度而繼續進行烘焙，所以若是停止的時機沒有提前一些，將會使咖啡豆超過預定的烘焙深度。

時間／溫度曲線

烘焙的時候建議每隔一段時間便記錄下對應的溫度，間隔時間可以依各自習慣，從30～60秒不等；除了溫度之外，像是一、二爆開始與結束時間也是不可或缺的紀錄。根據這些數據可以整理出一條「時間／溫度」對應曲線，這條曲線是烘焙的重要參考數據，只要控制火力大小就可以改變這條曲線的斜率（其實就是溫度上升的速率），而不同的斜率所烘出來的咖啡豆風味也各有千秋——即使是同一批豆子。所以如果對於這次烘的味道不滿意，就可以根據所記錄的溫度／時間曲線修改，慢慢修正至自己最滿意的味道。

經驗告訴我們，用較小的火力把烘焙的時間拉長，所得到的味道會很柔順，許多口感上的稜角會被磨得更圓滑；而較短烘焙時間則會有出色的香氣表現，而且特色比較容易被突顯。其實，沒有所謂絕對正確的烘焙時間，當中的取捨完全看各自喜好，只要烘幾次就可以找出來最適合你喜好的時間。

強制冷卻

烘焙的最後一個程序就是強制冷卻，最簡單的方法就是用電風扇吹（記得用風力最強的那一檔），在進行強制冷卻的同時還可以將殘留的豆皮吹走，一舉兩得。記得千萬不要讓咖啡豆自然降溫，否則喝起來味道會很貧乏。

除了單純用電風扇吹之外，若是烘焙量大時還可以配合噴霧器，利用噴霧器噴些適量的水來幫助降溫，只是這種方式必須注意水量，過多的水會使咖啡豆潮濕而容易發霉。其實除非一次烘焙的量很多，否則電風扇就已足夠了。事實上大型的烘焙工廠還

剛烘好的咖啡豆正在進行冷卻

會搭配冷氣來冷卻，這樣可以避免水冷所衍生的問題。

咖啡豆完全冷卻之後整個烘焙程序就算是完成了，通常烘好的咖啡豆體積會漲大一倍左右，而重量則減輕15～20％。完成烘焙之後接下來便是將烘好的咖啡豆妥善保存，在適當的時間拿出來享用，順便檢視自己的烘焙成果。

讓風味發展成熟——養豆

不知道你有沒有注意到，把烘好的新鮮咖啡豆放入密封罐之後，隔天打開時蓋子會「啵」一聲彈開，似乎有一個壓力把蓋子推出來。那就是烘焙豆子時的另一種產物——二氧化碳所聚集出來的，烘焙1公斤的咖啡豆會產生12公升的二氧化碳，而烘焙結束之後咖啡豆還是會繼續二氧化碳的排放，這正是密封罐內的壓力來源，這個排放動作會再持續2～3天，而在排放二氧化碳的同時咖啡豆的風味也正在發展，當咖啡豆的二氧化碳排放得差不多時，風味正好成熟到適合品嘗。

所以，不要急著喝剛剛烘焙完成的咖啡豆，這時候的咖啡會因為發展不成熟而無法展現該有的特色，應該把咖啡豆在適當的環境下保存個3～4再來品嘗，這樣才能享受到咖啡完整的風味，這個動作稱為「養豆」。事實上在我的經驗中，許多咖啡豆的養豆期都要將近一星期，甚至10天以上，在這之前的味道都有可能不夠完整。當然，你也可以先不管養豆這件事，烘焙完成之後就每天都沖煮看看，幾個週期下來便可以更了解該款咖啡豆的風味發展情形。

各種烘焙程度對照

1 肉桂烘焙（Cinnamon）： 第一爆開始前後。

2 淺焙（Light）： 第一爆剛結束，可以在第一爆快要結束時停止烘焙。

3 中焙（Medium）： 第一爆完全結束，一直到一、二爆的中間點。

4 城市烘焙（City）： 一、二爆的中間點延伸到第二爆開始之前。

5 深城市烘焙（Full City）： 第二爆剛開始，到剛剛要進入二爆密集區。

6 義式烘焙（Espresso）： 第二爆密集區開始，至第二爆結束後再延伸一些。

7 深焙（Dark）： 從第二爆完全結束後開始，到咖啡豆顏色變成黑色為止。

8 法式烘焙（French）： 深焙結束之後皆是，此時咖啡豆的顏色會呈現出黑色，同時表面大量出油。

時間／溫度曲線圖

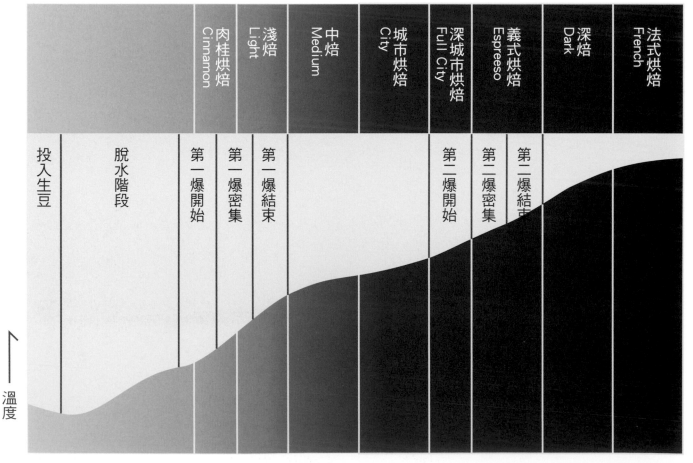

肉桂烘焙 Cinnamon
淺焙 Light
中焙 Medium
城市烘焙 City
深城市烘焙 Full City
義式烘焙 Espreeso
深焙 Dark
法式烘焙 French

投入生豆
脫水階段
第一爆開始
第一爆密集
第一爆結束
第二爆開始
第二爆密集
第二爆結束

溫度

時間

Start Roasting!

開始動手烘焙吧！

自己在家烘焙咖啡豆不但是享有咖啡豆新鮮度的最佳方式，最重要的是，透過自行烘焙，可以按照自己的喜好創造出屬於你的獨特風味，再加上購買生豆自己烘焙比起買現成烘好的咖啡豆便宜許多，不但一舉數得，而且充滿無窮的樂趣！

了解咖啡烘焙的基本知識之後，終於要開始動手烘焙了，不過在開始烘焙之前還要先知道烘焙的型態，這是因為不同型態會有不同的風味，而且時間與溫度曲線也大不相同，了解之後便可以選擇適合自己的方式來烘焙專屬的咖啡豆，甚至自行設計專屬的咖啡豆烘焙機。

烘焙依加熱型態的不同可以分成三種方式：

氣流式

簡單地說，氣流式的烘豆機就像一個吹頭髮的吹風機，用風扇吸入空氣，再讓空氣通過一個加熱線圈使其溫度升高，利用熱氣流作為加熱源來烘焙咖啡豆，熱氣流不但可以提供烘焙時所需要的溫度，也可以利用氣流的力量翻攪咖啡豆，一舉兩得。

氣流式的優點是加熱效率高，所以烘焙時間短，一般大約5～8分鐘之內就可以完成烘焙，大型烘焙工廠喜歡採用這種方式就是看上這個優點。但缺點是加熱效率太高、升溫過快，所以很容易導致咖啡豆外層的烘焙程度已經達到我們的要求，而中心卻還嫌不足！另外因為烘焙時間太短，所以焦糖化可能會不完全，這是用氣流式烘焙要特別注意的地方。若是技巧控制得宜，氣流式烘焙出來的咖啡豆在香味的表現將會相當優異，這是許多人擁護氣流式的主因。

Fresh Roast 的家用氣流式烘豆機

直火式

顧名思義，直火式就是用火焰直接對咖啡豆加熱。演變至今，直火的「火」除了一般的火焰（包括瓦斯爐火與炭火）之外，還包括紅外線與電熱管。因為少了可以攪拌咖啡豆的氣流，所以直火式的烘焙通常需要外力來翻攪咖啡豆。直火式的烘焙升溫不快，一批咖啡豆烘下來需耗時十幾分鐘以上，也因為升溫較慢，所以咖啡豆的焦糖化會很完全，風味較氣流式更為複雜與緊密。而這正是直火式的最大優點。

i-Roasthapi的家用氣流式烘豆機

用瓦斯爐火或是炭火烘焙的時候要小心控制火與咖啡豆的距離，盡可能不要讓火焰直接接觸到咖啡豆，否則不但咖啡豆容易有焦痕，喝起來也會有焦燥的感覺。

Alpenröst 的家用直火式烘豆機

半直火式

結合直火與氣流式的優點的烘焙方式，為目前商用烘焙機器的主流。半直火式烘焙其實與直火式烘焙比較類

似，但是因為烘焙容器的外壁上沒有孔洞，所以火燄不會直接接觸到咖啡豆；除此之外還加上了抽風設備，將烘焙容器外面的熱空氣導入烘焙室中提升烘焙效率，這個抽風設備的另一個功能則是將脫落的銀皮（附著於咖啡種籽外層的薄膜）吸出來，避免銀皮在烘焙室裡因為高溫而燃燒，進而影響咖啡豆的味道。（所謂的炭燒咖啡就是故意不排出銀皮，讓咖啡豆沾染上煙燻的焦味。）

　　在家中烘焙基本上可採用以上三種方式中的任何一種，但是以器材取得的方便與價格來說，直火式要比氣流式占優勢；從操作的簡易與操作熟練程度對咖啡豆品質的影響來看，氣流式卻是最容易烘出品質穩定、深淺均勻的豆子。不管你最後決定從哪一種方式入門，請把握幾個大原則：

■脫水要完全：烘焙初段穩定而緩慢的升溫是脫水完全的不二法門，當青草味轉變成麵包味（或是奶油味）的時候就是脫水完成了。

■溫度要穩定：火力不要忽大忽小，溫度才能穩定上升，若是採用淺度烘焙，第一爆的過程更需要讓溫度維

持穩定，不要讓溫度升高太多；而深度烘焙則是在脫水完成之後，用較陡的升溫曲線快速達到所需要的烘焙深度。

■冷卻要迅速：咖啡豆烘焙完成之後要以最快的速度出豆，同時強制冷卻，避免咖啡豆利用本身的餘熱繼續烘焙而超出預定的烘焙深度，也可以防止咖啡豆風味的流失。

■記錄要確實：完整與確實的烘焙紀錄有利於錯誤的修正，在烘出成功的咖啡豆之後，只要依照所記錄的數據操作便不難烘出一樣成功的咖啡豆。

　　現在，就選定一種方式開始動手烘焙吧！

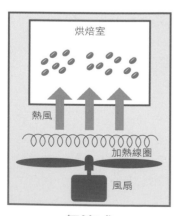

氣流式

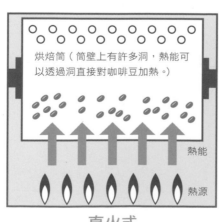

直火式

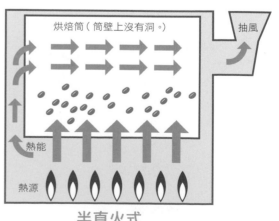

半直火式

氣流式
烘豆機烘焙

【簡介】

氣流式烘豆最便宜的途徑是利用爆米花機，一台爆米花機價格不會超過一千元，而且操作簡單——插上插頭就開始，烘到所需要的程度便拔下插頭。目前市售爆米花機的設計超過預設溫度便會自動斷電，所以需要進行內部修改。氣流式烘豆機與爆米花機的不同是使用上更方便：玻璃材質的烘焙室（讓咖啡豆的狀況很容易掌握）、內建冷卻機制以及銀皮收集的設計（不會有銀皮到處飛的狀況），像是下面這台示範用的Hearth Wear Precision就是其中之一。

【周邊器具】

1. Hearth Wear Precision氣流式烘豆機

2. 電風扇

3. 金屬網淺盤（或是任何兼具耐熱與通風的容器）

4. 計時器

Step

1 用秤量出所需要的咖啡豆量，大約60~90g左右，不要超出原廠的建議值。

2 將開關打開，但是咖啡豆不要倒進去，先熱機3分鐘，讓整台機器的溫度穩定之後再倒入咖啡豆，同時開始計時。

3 剛開始咖啡豆的翻攪會比較不順，那是因為咖啡豆中的水分還很多的關係，所以可以偶爾搖晃一下烘豆機，幫助咖啡豆翻攪。

4 大約4分鐘左右就會進入第一爆，整個第一爆的過程會持續1分多鐘，一開始會聽到零星的爆裂聲，然後聲音逐漸變得密集，最後再逐漸消失。若是採用淺焙，這時候就可以關機冷卻了；反之則讓機器繼續運轉。大約7分鐘左右咖啡豆會進入第二爆，狀況與第一爆類似。

5 當到達所需的烘焙深度時便可以關機，倒出咖啡豆進行冷卻。

烘焙小技巧

■這類氣流式烘焙機一次最佳烘焙量約60~90g，太多或是過少都不建議，因為咖啡豆太多就會過重，烘豆機的風力會不足以將其均勻翻動，造成底下的咖啡豆過焦。但是份量也不宜太少，否則會無法將熱氣聚集起來而使得溫度上不去，一般的底限大概是40g。

■可以想辦法在烘豆機的蓋子上鑽一個小洞，方便溫度計的探針插進去量測溫度。

■可以用鋁箔紙將玻璃材質的烘焙室包起來，降低烘焙室內的溫度以輻射型態散失。

■用氣流式烘焙時，咖啡豆的份量多則升溫快，份量少則升溫慢，原因是咖啡豆多的時候會聚集比較多的熱量（有點類似是羽毛衣越厚越保暖的道理），這一點與其他的烘焙方式相反。

直火式 平底鍋烘焙

【簡介】
家中的平底鍋除了煎蛋之外還可以做什麼？烘咖啡豆！用隨手可得的器具便可以烘咖啡，這證明了入門咖啡烘焙真的是一件簡單的事！

【周邊器具】
1. 平底鍋
2. 瓦斯爐
3. 鍋鏟
4. 電風扇
5. 金屬網淺盤（或任何兼具耐熱與通風的容器）
6. 計時器

Step

1 準備所需的咖啡豆量，100~150g皆可。

2 將瓦斯爐點燃，火力調整到最小，但不能只有爐頭中間一圈有火，必須保持全部都有火的狀態。

3 熱鍋1分鐘。

4 將咖啡豆倒入鍋中，開始鏟子翻攪並計時。持續翻攪咖啡豆，一開始會聞到生生的味道，當這個味道結束時可以將火力開大一點。

5 大約7~8分鐘的時候會開始進入第一爆，此時火力要調整回一開始的小火狀態，同時更快速翻攪。

6 若是要淺焙，當第一爆結束後便可以停止；否則就繼續烘焙，此時火力可以再轉大一些。大約12分鐘左右第二爆會開始，依照自己想要的深度決定停止時機。

7 停止烘焙，倒出豆子並急速冷卻。

烘焙小技巧

■千萬不要在鍋子裡放沙拉油！
■平底鍋不要太大，最佳的尺寸是比爐火涵蓋面積再大一些。
■烘焙的火力大小直接影響時間長短，而每個人家中的瓦斯爐加熱效率都有點差異，多嘗試幾次便可以找出最佳的火力。
■鍋鏟不要用金屬或塑膠製品，以木質為佳。
■因為咖啡豆在平底鍋中比較不容易受熱均勻，所以要不斷地翻攪。

直火式 手網烘焙

【簡介】

手網是用金屬網編織的碗狀籃子，旁邊凸出一個把手，有點類似撈麵篩子。手網烘焙是百分之百的直火烘焙，因為手網是用金屬網編成，所以沒有任何東西可以屏蔽咖啡豆，火力的大小會快速且直接的反映在被烘焙的咖啡豆上，所以距離火焰的高度與火力大小的控制就得稍微注意一下。器具雖然只需要簡單的一支手網，但是高手可以藉此烘焙出非常棒的咖啡豆。

【周邊器具】

1. 手網
2. 瓦斯爐
3. 電風扇
4. 金屬網淺盤（或任何兼具耐熱與通風的容器）
5. 計時器

Step

1 準備所需的咖啡豆量，100~150g皆可。

2 將瓦斯爐點燃，火力調整到最小，但不能只有爐頭中間一圈有火，必須保持全部都有火的狀態。

3 將咖啡豆倒入手網，並開始計時。規律地甩動手網，讓咖啡豆可以上下互換位置，一開始甩動的頻率慢一點，例如：先甩一下，暫停兩秒再甩一下。

4 脫水結束時（也就是差不多那個生生的青草味結束之後）略提高甩動的頻率。

5 大約10分鐘左右會進入第一爆，這時候甩動的頻率要更快，基本上就是一直甩，同時火力也要調小一些。若是要淺焙，第一爆結束後就可以出豆冷卻了。若是要更深程度的烘焙就繼續進行。

6 第一爆結束後可以把火力開大一點，大約2分鐘後就會進入第二爆。

7 依照自己所需要的烘焙深度決定出豆的時機，並且盡快冷卻。

烘焙小技巧

■ 不建議一次烘焙超過200g，否則咖啡豆太重時，很容易就手痠了，手一沒力就很難控制手網的甩動與距離火源的遠近，導致烘焙不均。

■ 甩動時一定要確實讓咖啡豆拋高之後換面，就像是大廚師炒飯時讓飯粒在炒鍋裡翻面一樣，這樣才可以讓咖啡豆均勻受熱，千萬不能只是在手網中轉動。

■ 直火烘焙時咖啡豆越多升溫越慢，所以要依據豆量的多寡來調整火力。

■ 若是有實驗精神，可以試著更換其他熱源，例如紅外線、電熱或是炭火，風味都會有微妙的差異。若是使用炭火，記得等火力穩定之後再進行烘焙。（在這裡以備長炭取代普通木炭，是個雖昂貴但效果出眾的方式。）

■ 除了手網之外，也可以使用不鏽鋼篩或是鋼杯烘豆器（鋼杯烘豆器要自己動手DIY，見後文）來烘焙，除了烘焙方式一模一樣之外，也都是經濟實惠的烘焙咖啡豆器具。不鏽鋼篩網與鋼杯烘豆器的網目沒有手網那麼多，對於火焰的反應便不會那麼快速直接，但是相對的，聚熱效果比手網好。不管是哪一種，這個方式最大的缺點是——累！因為要不斷甩動，所以手會痠，加上必須要站在火爐邊被火烤，冬天也許還蠻溫暖，但是一到了夏天就有點難以消受了！

烤箱烘豆法

【 簡介 】
這是簡單利用家中現有器材烘咖啡豆的方式，簡單便宜，如果熟練就能烘焙出相當好的咖啡豆。操作時任何形式的烤箱都可以，具定溫功能的烤箱OK，但其實用便宜的小烤箱烘焙效果最好。用烤箱烘咖啡豆有幾點要注意：(1)烤箱要先預熱5分鐘。(2)請先將家中的煙霧偵測器關掉，否則烘到後來消防隊一定會來家裡滅火。(3)要戴厚手套，避免被燙傷。(4)若是烤箱比較大建議用鋁箔將門上的玻璃遮住4/5，提高保溫性。(5)生豆的量以能夠鋪平烤盤最佳，太少容易烘過頭；太多則會烘不均勻。

【 周邊器具 】
1. 烤箱
2. 噴水器
3. 電風扇
4. 金屬手網（或任何兼具耐熱與通風的容器）
5. 計時器

Step

1　將咖啡生豆放入烤盤，盡可能平鋪。

2　烤箱預熱5分鐘，若是可以定溫的烤箱請將溫度定在最高度。將生豆放入烤箱。一開始要讓豆子脫水，所以烤箱的門不要完全關起來（可以在門上夾個東西），避免升溫太快。

3　約略5分鐘後取出咖啡豆準備翻攪。

4　以最快速將翻攪咖啡豆。放回烤箱繼續烘焙。5分鐘後重複同樣的動作一次。

5　當咖啡豆顏色變成黃色之後，就可以將烤箱門關起來烘焙。此時約每分鐘要取出咖啡豆翻攪一次，動作依然要迅速。

6　當咖啡豆烘至所需深度之後立即下豆。

7　用電風扇強制散熱到完全冷卻即可。（一開始時可用噴霧器噴一點水幫助散熱。

鋼杯烘豆器的製作方式

1 將鋼杯翻過來，先用油性簽字筆作業，在底部先標出大概的中心點。

2 以中心點為圓心，用放射狀的方式向外標出固定距離的點，點與點的距離為5~8mm。

3 用電鑽照著標記鑽洞。

4 在鋼杯側邊標定出L形角鐵的固定位置，這個位置盡量靠近杯口，這樣會比較容易做甩動的動作。

5 用自攻螺絲將L形角鐵的短邊牢牢地鎖在杯壁上。若是用螺絲與螺帽固定最好可以加個彈性墊片，不管用哪種方式都建議上一點螺絲膠，避免日久鬆動。使用不鏽鋼杯製作烘豆器的到這個步驟便已經大功告成。

鋼杯烘豆器 DIY

【 準備材料與器具 】

1. 鋼杯：直徑 12cm 以下的不鏽鋼杯。

2. 電鑽搭配直徑 3~5mm 的鎢鋼鑽頭。

3. 鐵皮用自攻螺絲兩支：尖頭，可以藉著旋轉就咬進金屬薄板的螺絲，也可以用兩組口徑相當的螺絲與螺帽鎖上代替。

4. L 形的角鐵一支：這種 L 形支架的用途是釘在牆上固定木板，作為壁架用的五金零件。

5. 油性簽字筆

6. 尺

用鋼杯可以自行 DIY 一個手動的烘豆設備，使用方式與前面介紹的手網完全一樣，但是鋼杯烘豆器因為形狀瘦長的關係，所以聚熱效果會好很多，這一點小小的差異對於風味卻有一定程度的影響，依據我自己的使用經驗，鋼杯烘豆器烘出來的咖啡豆風味會比手網或是不鏽鋼篩網好，差異主要是在味道的複雜度與細膩度上；若是深度烘焙時，鋼杯烘豆器的甜味也會比較出色。

事實上同樣形式的烘豆器也可以用空的奶粉罐製作，雖然有些缺點，但是施工較為容易，成本也便宜些。不鏽鋼杯的好處是不會生鏽；但是缺點是加工困難，一定得用電鑽搭配鎢鋼鑽頭才能夠在上面打洞。相較之下奶粉罐只要鐵釘與鐵鎚就可以了，但是奶粉罐的材質為馬口鐵，表面又有印刷，所以有生鏽與去漆的問題。

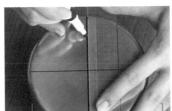

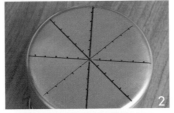

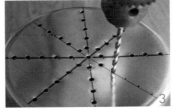

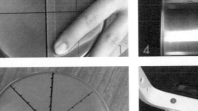

自製烘豆機

A 顏龍武先生設計的 M3 家用小型烘豆機，加熱源為電熱管，可以控制火力與抽風速度，整體機構非常完整且功能齊全，為商用機種的迷你版。M3 是正式商品，所以每一台都有出廠序號。

B 黃國琳先生設計的烘豆機，採烘焙桶與主體可分離式設計，設有排氣管與可拆式遮風罩，可增加烘豆時的穩定度，使用時直接放在家用瓦斯爐上面即可。

C 台灣咖啡界俗稱「幾粒米烘豆機」的自製烘豆機，烘焙桶與主體可分離、馬達轉速可調，使用家庭瓦斯爐作為熱源，是作者在 2003 年的作品。

Part 4

世界主要咖啡產區指南
Coffee Region

在日漸茁壯的精品咖啡風潮中，我們不再只知道「藍山」、「曼特寧」這些耳熟能詳的名字，也開始注意到許許多多其他富有地域性特色的產區與莊園咖啡豆，這些各具特色的產區共同構築出一個多采多姿的香醇世界，等待著我們深入探索其中的奧妙。

Famous Coffee Beans
世界著名咖啡豆圖鑑

全世界五大洲裡面有三個大洲產咖啡豆，分布在這三個大洲中的產區與莊園數也數不清，更不要說風味上的差異了。當然，不同地方的咖啡豆也會有不同的樣貌，現在就讓我們一起來看看這些著名咖啡豆的廬山真面目吧！

藍山 華倫福莊園
Wallenford Estate

藍山絕對是全世界知名度最響亮的高價咖啡，照片中的咖啡豆來自著名的 Wallenford Estate，該莊園是最早的藍山莊園之一。

波多黎各 尤科特選
Yauco selecto

Yauco selecto 只占波多黎各咖啡產量的1％，因為從種植到處理都極其仔細，所以被公認為最高級的咖啡豆之一。

夏威夷 可那
Kona Extra Fancy

美國人工費用高昂、產量不多，使得夏威夷的 Kona 咖啡價格一路飆漲，但卻提供消費者幾乎挑不出瑕疵豆的超高水準咖啡豆。

葉門 瑪塔利
Mattari

Mattari 是葉門最著名的產區之一，所生產出來的咖啡豆被全世界的咖啡專家公認為最出色的葉門咖啡，煙燻與巧克力味道明顯。

坦尚尼亞 吉力馬札羅
Mt. Kilimanjaro

吉力馬札羅山是非洲最高的山，同時是坦尚尼亞著名的咖啡產區，喝起來充滿水果味道，有綿延的餘韻與舒服的澀味，乾淨的好咖啡。

肯亞AA+ 桑布魯莊
Sambulu

不管是口感或香味都充滿烏梅風味的 Sambulu 是肯亞品質最穩定的莊園之一，plus 的標記更是咖啡專家對其品質的肯定。

摩卡哈拉
Harra

Harra是衣索比亞著名回教古城，也是極為出名的咖啡產區，狂野的葡萄酒風味會即刻攫住身上的每一個感覺神經，毫不留情。

耶加雪菲
Yirgacheffe

衣索比亞三大咖啡產區之一的西達摩高原上的小鎮，所生產的咖啡散發獨步全球的果香、花香、蜂蜜香，令人無法抗拒。

巴拿馬 艾琳達莊園
Finca Elida

物超所值的巴拿馬咖啡豆常被拿來與其他高價咖啡豆比較。本莊園的咖啡豆更以優異的品質與平實的價格令人愛不釋手。

墨西哥 恰帕斯
Chiapas

墨西哥咖啡豆也許知名度並不高，但是值得多加留意。Chiapas是墨西哥品質最穩定的產區，高濃度的甜味與餘韻讓人眼睛為之一亮。

巴西 席拉多
Cerrado

世界第一大咖啡產國的一流的咖啡豆。Cerrado是Minas省裡的一個小產區，這裡有許多咖啡「極為溫潤順口」的小莊園。

哥斯大黎加 拉米妮塔
La Minita Estate

La Minita莊園毫不妥協的態度讓他們出產全世界風味最均衡的咖啡豆，為精品咖啡的典範。

哥倫比亞 娜玲瓏
Narino
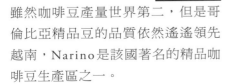

雖然咖啡豆產量世界第二，但是哥倫比亞精品豆的品質依然遙遙領先越南，Narino是該國著名的精品咖啡豆生產區之一。

爪哇 國有莊園布拉旺
Blawan
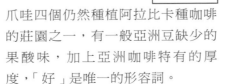

爪哇四個仍然種植阿拉比卡種咖啡的莊園之一，有一般亞洲豆缺少的果酸味，加上亞洲咖啡特有的厚度，「好」是唯一的形容詞。

蘇門達臘 伊斯肯達莊園
Iskandar Estate
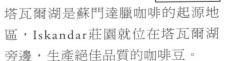

塔瓦爾湖是蘇門達臘咖啡的起源地區，Iskandar莊園就位在塔瓦爾湖旁邊，生產絕佳品質的咖啡豆。

AFRICA
非洲

非洲是咖啡的起源之地，這不起眼的小小種籽就是從這個黑色大陸開始風靡至整個世界，雖然咖啡歷史已經數百年，到目前為止非洲還有許多的咖啡原生林。一般在歸類咖啡產區的時候，通常會把隔著紅海與非洲相望的葉門放進來一併討論。事實上咖啡踏出他的母國——衣索比亞之後，第一個落腳地就是葉門，所以把葉門視為非洲產區是可以理解的。

從味道上面來說，非洲咖啡的香氣幾乎在第一時間就可以擷取人們的注意力，而且通常都帶著濃厚的水果風味，因此若要以味道來辨認咖啡產地的話，非洲豆可能是最容易的。伴隨著水果香氣的是與水果一般的迷人酸味，這種美好的酸味讓非洲豆感覺是明亮、奔放的，所以喝起來常常令人精神為之一振！相較於奔放的香氛與酸味，非洲豆的厚度會比起其他各洲的咖啡豆略薄一些，甘味也比較內斂。這樣的特色讓非洲豆在調配綜合咖啡豆時扮演提味的角色，藉由非洲豆來突顯整體味道的輪廓。

從外表來觀察，非洲豆的顆粒通常比較小，而且經常採用乾燥法處理，所以生豆大小會有參差不齊的狀況，偶爾還會摻雜一些小石頭、穀類或樹枝等外來物。不過不用擔心，這些小缺點都無損非洲豆優異的表現。

Ethiopia
衣索比亞

　　根據歷史記載，衣索比亞是咖啡的原產地，西元六世紀時，Kaffa鎮上的牧羊人發現羊群食用某種紅色果實後顯得非常興奮，於是就摘取這種生長在樹上的紅色漿果食用，這一摘便開啟了全世界咖啡的大門，影響力至今依然未減。衣索比亞種植咖啡的地方大多是在海拔1,500公尺以上的高原，其中Harar高原更是阿拉比卡種的原生地，目前衣索比亞境內還有許多咖啡的原生林，可以說是一個咖啡的基因庫，而這個基因庫將是許多咖啡問題的解決之道。衣索比亞咖啡豆的品質相當高而且風味多樣，很少有國家出其右。至於生豆的處理方式，有的地區用日曬法，有的則是用水洗法，也有兩種都用的（像是Sidamo），衣索比亞風味那麼多樣有一部分的原因也是因為這樣。

淺焙至city烘焙皆可，若是要強調水果香與花香的話就一定要用淺焙，甚至可以一爆結束前就停止烘焙（Yirgacheffe即是）！若是要強調質感或是混入espresso配方的話，可以烘到剛剛進入二爆的時候，這個時候將會提供更厚的質感，Sidamo與Harrar都很適合在這種狀況下使用。

Roast
Cinamon
Light
Medial
City
Full city
Espresso
Dark
French

Specialty				
香氣				
明亮				
厚度				
質感				
餘韻				

　　西邊的金瑪（Djimmah）、中部的西達摩（Sidamo）與東邊的哈拉（Harrar）是衣索比亞的三大產區，其中最特別的當屬西達摩省中的耶加雪啡（Yirgacheffe），這種咖啡兼具水果香、花香與蜂蜜甜香，喝起來如茶一般的風味是令人回味不已，是許多人進入精品咖啡的起點。當然，金瑪狂野的口感與哈拉特有的的葡萄酒香同樣使許多咖啡迷為之瘋狂。衣索比亞咖啡每一批之間差異很大，所以購買時要注意批號，標示著相同產區兩袋咖啡味道可能相差了十萬八千里，另外，衣索比亞咖啡早採收的通常比較好，這一點異於許多其他地區的咖啡。

Roast
Cinamon
Light
Medial
City
Full city
Espresso
Dark
French

從Medial到full city都適合，淺一點的烘焙會突顯日曬味與香料味；而深一點的烘焙讓黑巧克力與煙燻味明顯，同時口感也會更濃郁。要注意的是因為豆子比較小，加上顆粒大小有頗大的差異，所以用鼓式烘焙機要注意卡豆的問題。

Specialty				
香氣	●	●	●	●
明亮	●	●	●	
厚度	●	●	●	●
質感	●	●	●	● ◗
餘韻	●	●	●	●

Yemen
葉門

葉門位處於亞洲大陸的阿拉伯半島，隔著紅海與非洲對望，一般也歸類為非洲豆。提到葉門，許多人最直接的聯想就是摩卡！事實上，摩卡是葉門的一個港口，從前幾乎所有附近的咖啡豆都是從摩卡港出口，所以摩卡就變成了咖啡的代名詞而沿用至今，然而，摩卡港老早就因為淤積而消失了！但是因為傳統上的習慣使然，所以還有許多其他國家咖啡豆（例如乾燥法處理的衣索比亞豆）依然標示著摩卡。摩卡這個字的拼法很多，有Moka、Mocha、Mocca等等，而Mokha最接近阿拉伯原文。

葉門有幾個著名的產區，像是山那妮（San'ani）、瑪塔莉（Mattari）、希拉理（Hirazi）、雷米（Rimy）與哈瑪莉（Dhamari），這些產區生產著許多的高品質日曬豆，因為是日曬處理，所以咖啡豆大小常常不一致，有時還會摻雜著玉米之類的穀類；也因為是日曬豆，所以味道帶著日曬的感覺與狂野的風味。總體來說，葉門咖啡風格獨特，野性強、複雜、刺激，尤其是迷人的葡萄酒酸與深厚的黑巧克力味道讓許多人喜愛，然而也有人認為葉門的咖啡豆偏苦。不管如何，這就是獨一無二的葉門咖啡豆。

Kenya
肯亞

北邊緊鄰著衣索比亞、地處東非的肯亞，不但是咖啡大國，也是咖啡界的楷模，不論咖啡的品質和經營方式，肯亞咖啡都是世界一流，部分原因得歸功於肯亞咖啡局。肯亞咖啡局負責統一收購所有的咖啡，並且進行杯測與分級，同時在寄送樣品之後進行拍賣，所以每年最好的肯亞咖啡都是以拍賣方式售出，買主激烈的競爭把價格炒得很高。肯亞對咖啡的研發舉世無匹，品質管制極度嚴格，全國各地的咖啡小農深諳種植之道，收入相對也高，因為他們了解品質與售價是成正比的。肯亞的咖啡分級主要是以生豆大小作為基準，一般市面上可以看到的大概有AA+、AA、AB三級，AA的平均顆粒比AB大，而AA+則是AA級的特別精選版，也是唯一將「味道」因素放入分級標準的等級。

city烘焙時可以展現肯亞咖啡最佳的平衡感，盡可能不要進入二爆的密集區，否則迷人的漿果香與果酸都會消失，要注意的是肯亞豆烘焙時的顏色會比其他一般咖啡豆還來得深，可能在一、二爆之間就已經呈現出黑色，所以不建議用咖啡豆的顏色作為判斷烘焙深淺的依據。

Roast
Cinamon
Light
Medial
City
Full city
Espresso
Dark
French

Specialty				
香氣	●	●	●	
明亮	●	●	●	● ◗
厚度	●	●	●	●
質感	●	●	●	● ◗
餘韻	●	●	●	●

因為品質穩定且優異，所以許多玩家都認為肯亞咖啡是超值的選擇，比起許多昂貴的咖啡豆更值得購買。總體來說，肯亞咖啡因為突出的水果酸味而顯得明亮，不喜歡酸味的人可能會排斥肯亞豆。若先不考慮個人喜好的問題，好的肯亞咖啡是非常複雜的，聞起來帶有果香（漿果、柑橘、梅子）或是香料味，明亮乾淨，喝起來非常像沒有添加糖的水果茶，最頂級的肯亞咖啡甚至帶有讓人迷戀的酒香，味道會瀰漫整個口腔。還有，肯亞豆的質感在非洲豆中屬於偏厚，喝在口中會有實在的感覺。

Roast	
	Cinamon
	Light
	Medial
	City
	Full city
	Espresso
	Dark
	French

Medial到full city皆可，但是在full city的烘焙下風味會最完整，建議烘完之後放個三、四天再品嘗。

Specialty				
香氣	●	●	●	
明亮	●	●	●	
厚度	●	●	●	
質感	●	●	●	
餘韻	●	●		

Zimbabwe
辛巴威

辛巴威在1960年代才開始種植咖啡，但是已經有不錯的品質，平衡、複雜、質地皆備，香料的味道頗為迷人，質感與回甘都相當出色，不過要找到好的辛巴威咖啡還是要花點工夫。頂級的咖啡豆在袋子上不但標示著「AA」，還有「Code 53」的字樣。辛巴威咖啡主要產地在與莫三比克接壤的Manicaland和Mashonaland兩省，主要生產城市則是Chipinga和Mutare。

Uganda
烏干達

Specialty				
香氣	●	●	●	
明亮	●	●	●	
厚度	●	●	●	
質感	●	●	●	
餘韻	●	●	●	

建議進入二爆，在這樣的程度下會有很明顯的巧克力香味，若是烘得再深一點則相當適合混入Espresso配方之中。烘焙完成之後需要成熟期，所以放個三、四天後再品嘗會得到最完整的味道。

Roast	
	Cinamon
	Light
	Medial
	City
	Full city
	Espresso
	Dark
	French

烏干達北邊靠近肯亞邊界的布基蘇（Bugisu）產區有極佳的生豆，許多喝過的人都非常驚訝其品質之高，但是因為烏干達是內陸國家，沒有自己的出口港，而該國多年的內戰導致交通不便，故咖啡運送經常延宕，大批的生豆受烈日長期曝曬，對品質影響很大。最近政治情勢較緩和，所以市場上已經可以看到高品質的烏干達的咖啡豆，由該地的兩大生豆加工廠負責外銷（Mbale Bugisu咖啡工廠和Budadiri咖啡工廠），頂級的烏干達咖啡會有「AA」的標示。奇怪的是烏干達咖啡的味道不太像鄰近國家（肯亞、尚比亞）的咖啡，厚重的質感與深沉的味道，反而更類似爪哇的咖啡。

Roast	
	Cinamon
	Light
	Medial
	City
	Full city
	Espresso
	Dark
	French

坦尚尼亞的咖啡豆可以烘得深一些，二爆前後起鍋都沒有問題，若是烘圓豆則要特別小心，因為形狀的關係，所以很容易升溫過快而超過預定的烘焙程度。

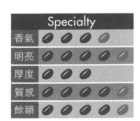

Specialty				
香氣	●	●	●	●
明亮	●	●	●	◐
厚度	●	●	●	
質感	●	●	●	◐
餘韻	●	●	●	◐

Tanzania
坦尚尼亞

對有與鄰國肯亞相較的實力，可是該國咖啡品管不嚴，許多處理過程中的草率往往破壞了咖啡的品質（例如運送）。品質好的坦尚尼亞咖啡分成AA與A級，一般來說圓豆（peaberry）價格最高，不過價格高並不一定代表味道比較好。重要的產區在北部接近肯亞的山區，例如吉力馬札羅（Mt. Kilimanjaro）與梅魯（Mt. Meru）。上等的坦尚尼亞豆喝起來質感與肯亞豆類似，除了綿延的餘韻之外，果香與果酸也都兼備，非洲豆的愛好者不應錯過。

從肯亞再往南就進入了坦尚尼亞，坦尚尼亞咖啡是東／中非咖啡家族的一員，大部分都是水洗豆，所以通常口感明亮同時具有刺激的香氣。坦尚尼亞咖啡絕

Asia
亞洲

咖啡來到亞洲就展現出渾厚沉穩的一面，亞洲豆的質感稠密而且極具厚實感，甘味強而圓潤，相較之下香氣與酸味就顯得保守——尤其是與非洲豆比較時，不過話說回來，奔放的感覺本來就不是亞洲豆的長處，亞洲豆強調的是如金字塔底部般龐大渾厚的口感；是咖啡還未入口就已經先感覺到質感厚重的香氣。在這樣的特色下，作為綜合配方中的基底是最適合不過了。

從外觀來看，亞洲豆因為處理的方式多為水洗與半水洗，所以生豆的顆粒大小很均勻，一些用半水洗法處理的生豆在顏色上會比其他處理法所處理的生豆來得深，這是因為含水量比較高的原因。因為風味特性使然，所以許多人習慣將亞洲豆烘焙得比較深，事實上，高品質的亞洲豆在淺焙下同樣可以展現出夠水準的香味與柔和的水果酸味。

Taiwan
台灣

中焙至深焙，二爆密集前下豆。

Specialty				
香氣				
明亮				
厚度				
質感				
餘韻				

Roast
Cinamon
Light
Medial
City
Full city
Espresso
Dark
French

台灣的咖啡種植其實也有一段歷史了，英國人與日本人都曾經在台灣種植咖啡樹，但是之後因為許多政治經濟因素，便沒有繼續推廣而沒落，直到最近因為咖啡熱潮，才有人開始重新投入。

雲林古坑的荷包山、南投的惠蓀林場與台南縣的東山鄉是目前幾個著名的咖啡產地，所種植的多為阿拉比卡種。台灣咖啡的質感中庸，酸度不高，帶著一點藥草味，有點類似南美洲與印尼豆的綜合體。目前台灣咖啡的產量並不高，但是因為台灣咖啡熱的流行，許多人想要一親芳澤，所以價格一直居高不下，甚至出現用進口豆冒充的情形。

Roast
Cinamon
Light
Medial
City
Full city
Espresso
Dark
French

至少full city之後，不建議做更淺的烘焙。

Specialty				
香氣				
明亮				
厚度				
質感				
餘韻				

China
中國

中國最主要的咖啡產區在雲南省，最早是在賓川種植，後來便擴展到西南方的德宏洲境內，幾個大城市如保山、芒市、騰沖等等都看得到雲南咖啡的蹤影。雲南的咖啡豆為阿拉比卡的梯比卡（Typica）與卡特莫（Cotml）兩種，其中後者的顆粒較小，所以被稱為小粒咖啡。也許是種植技術的關係，雲南咖啡的味道還相當閉塞，不是那麼適合當單品飲用，烘深一點拿來混入Espresso的配方中倒還可以。

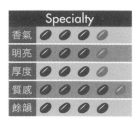

Roast
Cinamon
Light
Medial
City
Full city
Espresso
Dark
French

新幾內亞豆可烘焙的範圍很廣，從質感輕柔、平衡的city到有著均衡香料味道的full city，甚至出油的重烘焙都可以，完全看你的喜好。

Specialty				
香氣	●	●	●	◐
明亮	●	●	●	◐
厚度	●	●	●	●
質感	●	●	●	◐
餘韻	●	●	●	●

Papua New Guinea
巴布亞新幾內亞

新幾內亞也算是印尼咖啡中的異數。咖啡莊園林立，規模有大有小，小莊園大多生產水洗有機豆，味道濃烈但是沒有土味，也生產少數的日曬豆，這些日曬豆比起水洗豆味道變化較多且細膩；大莊園咖啡口感比較乾淨細緻，但有人嫌其缺少了一點個性。基本上，巴布亞新幾內亞咖啡的質地比爪哇豆更輕，有點類似好的中美洲豆。該地的咖啡樹大多來自於牙買加的Typica Arabica，雜以坦尚尼亞的Arushi Typica。另外也有一些新的混種或是印度的Kent種。

India
印度

印度咖啡的味道相當溫和，濃烈程度與酸味都非常的低，還帶有一些香料味，亞洲豆常見的土味當然也少不了了，印度豆通常是用來混入Espresso的配方中。事實上印度豆喝起來蠻像是蘇拉維西豆或是蘇門答臘豆，只是沒有那麼厚實罷了。印度咖啡在國際市場上並不暢銷，主要的市場都是在印度國內。日曬法處理的印度豆叫作Cherry，水洗的阿拉比卡豆稱為Plantation Arabica、羅布斯塔則叫作Parchment Robusta。除此之外，雨季豆與陳年豆也是印度咖啡豆為人熟知的種類，尤其是會增加咖啡口感黏稠度與黑巧克力風味的陳年豆更是如此！近年來印度也開始出現令咖啡評論家驚艷的咖啡豆，這些傑出的豆子大多來自獨立的咖啡莊園，所以印度咖啡豆應該會逐漸在精品咖啡的市場露臉。

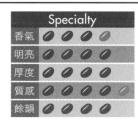

Specialty				
香氣	●	●	●	◐
明亮	●	●	●	●
厚度	●	●	●	●
質感	●	●	●	◑
餘韻	●	●	●	●

full city，若是想要得到如黑巧克力一般的濃稠質感，甚至可以進入二爆密集區！

Roast
Cinamon
Light
Medial
City
Full city
Espresso
Dark
French

Roast
Cinamon
Light
Medial
City
Full city
Espresso
Dark
French

full city最佳，可以再淺一些，但是不建議做更深的烘焙，烘焙結束之後的養豆可以讓風味更完整。

Specialty				
香氣	●	●	●	◑
明亮	●	●	●	◑
厚度	●	●	●	●
質感	●	●	●	◑
餘韻	●	●	●	●

Java
爪哇

爪哇的咖啡產量不小，可惜的是目前絕大部分是風味不佳的羅布斯塔種，高品質的阿拉比卡豆所剩無幾，這是因為1970年代的一次咖啡災害使得咖啡農棄品質高卻嬌弱的阿拉比卡，改種產量大、容易照顧但卻品質低的羅布斯塔，目前只有幾個國有莊園依然生產高品質的阿拉比卡豆，多虧這些莊園的存在，讓我們可以品嘗到出色的爪哇豆。常常見到的有Kayumas、Blawan與Djampit（或拼為Jampit），這幾個國有莊園的味道都很乾淨，加上柔和的水果酸味與香味，Kayumas的質感略重些，但重點是這些高級爪哇豆擁有一般亞洲豆沒有的平衡感，也少了擾人的土腥味！

Sumatra 蘇門答臘

頂級的曼特寧從city到italian都適合，淺焙的口感極乾淨，酸味與甜味都很豐富；深焙會有極深沉的質感與濃厚口感。若是一般的等級，建議烘至full city或再深一點即可。

Roast
Cinamon
Light
Medial
City
Full city
Espresso
Dark
French

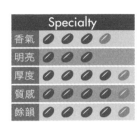

Specialty					
香氣					
明亮					
厚度					
質感					
餘韻					

蘇門答臘的咖啡種植始於十八世紀，當時的種植區靠近北邊Tawar湖的Aceh。今天大部分的蘇門答臘咖啡產區則是位於南邊的Lintong Nihuta、Sumbul、和Takengon。蘇門答臘咖啡因為區域之間差異不大，所以不以產區作為區分標準，倒是採摘、處理方式對咖啡的風味影響較大，而坊間著名的「黃金曼特寧」正

是日本人對這些程序嚴格控管之後的優良產品。這股潮流目前已經在蘇門答臘形成一種共識，所以已經有一些著名的咖啡莊園受邀為當地咖啡莊園的顧問，藉著著名莊園的技術與know how來提高自身的咖啡品質。曼特寧是全世界最適合深烘焙的咖啡豆之一，其中一個重要原因是它在深烘焙之後本身的特質並不會消失。曼特寧厚重的質感與低酸度，加上濃稠如中藥的口感使他在台灣非常受歡迎（台灣的老咖啡迷尤其愛重烘焙的曼特寧），事實上品質優良的曼特寧也非常適合中淺度烘焙，在這樣的烘焙程度下可以展現出不錯的水果風味。

Sulawesi 蘇拉維西

Specialty					
香氣					
明亮					
厚度					
質感					
餘韻					

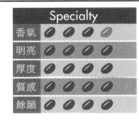

full city也就是二爆正要開始之前起鍋最為理想。蘇拉維西因為烘焙時顏色不深，若以顏色作為烘焙程度標準就會很容易烘過頭。

Roast
Cinamon
Light
Medial
City
Full city
Espresso
Dark
French

舊稱塞伯里斯。蘇拉維西同時有水洗、乾燥、半水洗三種處理方式，但是水洗豆儘管好看，口感卻往往平淡之至。醜陋的乾燥豆反而質地較厚，口味較佳。其實大部分的乾燥豆都是半水洗豆，農場先將果肉和種籽分開，豆子送到加工廠後再發酵水洗，或是直接水洗，然後曬乾。蘇拉維西咖啡酸度低、質地厚，帶點深沈的藥草味，整體而言與蘇門答臘的曼特寧蠻類似。最具代表性的產區是Toraja。蘇拉維西除了是相當有特色的單品豆之外，也非常適合混入Espresso的配方中。

Vietnam 越南

Roast
Cinamon
Light
Medial
City
Full city
Espresso
Dark
French

無烘焙建議！

Specialty
香氣
明亮
厚度
質感
餘韻

越南近年來咖啡的產量一路攀升，去年終於超越哥倫比亞成為世界第二大的咖啡生產國，雖然產量極大，但是品質並沒有成正比，許多都是低價的劣質豆。要找品質好的越南咖啡可能得找尋一些種植阿拉比卡種的咖啡農場。

Central & South America
中、南美洲

因為北美完全不產咖啡，所以咖啡中的美洲指的是中美洲與南美洲。美洲的咖啡樹是歷經千辛萬苦，中間還牽涉疾病、叛艦與死亡，輾轉從非洲經由法國而傳過來的。因為當時的法國是由波旁王朝所統治，所以當時來到美洲的阿拉比卡種咖啡也就有另外一個名稱「波旁」。波旁種的咖啡樹在氣候土壤與非洲截然不同美洲生長茁壯至今，不但成為美洲最重要的咖啡樹種，而且還發展出與原生地非洲截然不同的特點，成為阿拉比卡種當中一個重要的分支。

美洲咖啡是三大洲的咖啡之中風味最為平衡的，各種味道都均衡發展，形成不互搶鋒頭但卻明顯的特色，所有想要的咖啡味道在美洲豆中一樣都不缺，是許多美食家眼中均衡完美的代表。

除了咖啡種有差異之外，美洲豆通常都是採用水洗法處理，而且過程仔細，所以咖啡豆的顆粒明顯比非洲豆大一些而且大小平均，生豆當中也比較不會摻雜異物。

Peru
祕魯

祕魯咖啡之前在國際市場上並不常見，一般認為其處理過程草率，所以評價不佳，這是因為從前被國家壟斷的結果。其實祕魯的咖啡生長條件優良，而且許多都是有機種植，所以咖啡豆的品質一直相當不錯。祕魯咖啡著名的產區是查嬋攸瑪（Chanchamayo），而諾特瑞（Notre）和庫茲克（Cuzco）也偶有佳作。好的

中、深焙最適合祕魯咖啡豆，太淺的話會無法表現出質感與甘甜味。

Specialty					
香氣	●	●	●		
明亮	●	●	●	●	◗
厚度	●	●	●		
質感	●	●	●	●	
餘韻	●	●	●	●	

Roast
Cinamon
Light
Medial
City
Full city
Espresso
Dark
French

祕魯咖啡豆不論是質地、酸度和複雜度都不錯，可說是兼具中美洲咖啡的明亮和南美咖啡的厚度。

Roast
Cinamon
Light
Medial
City
Full city
Espresso
Dark
French

full city，烘到第二爆一開始就起鍋，不管是混入配方或沖煮單品Espresso，風味獨具。

Specialty				
香氣	●	●	●	
明亮	●	●	●	●
厚度	●	●	●	
質感	●	●	●	●
餘韻	●	●	●	●

Mexico
墨西哥

墨西哥咖啡從北邊的Coatepec和Veracruz、中部Oaxaca的Plumas，一直到最南邊的Chiapas，都是咖啡的產區，而各區的風味也都有所差異。墨西哥雖然產區多，但是因為品質穩定度不夠高，所以得多方嘗

試才能挑到好豆，基本上Oaxaca和Chiapas的咖啡水準比較整齊。Chiapas鄰近瓜地馬拉的Huehuetenango產區，所以與其風味類似。事實上墨西哥也是通過有機認證的有機咖啡生產大國。一般來說，墨西哥咖啡質感較輕，但是溫和細緻、香味不錯，值得一試。

Colombian
哥倫比亞

哥倫比亞豆是少數烘焙度涵蓋淺焙至極深焙的咖啡豆，從淺焙的乾淨明亮到深焙的甘甜，在這麼寬廣的範圍中，哥倫比亞豆都有不同風貌的表現。

Roast	
	Cinamon
	Light
	Medial
	City
	Full city
	Espresso
	Dark
	French

Specialty				
香氣	●	●	●	●
明亮	●	●	●	● ◗
厚度	●	●	●	●
質感	●	●	●	
餘韻	●	●	●	● ●

曾經是僅次於巴西的第二大咖啡生產國，但是目前已經被越南超越而屈居第三的哥倫比亞，是全世界最大的水洗豆供應國，在多年的形象塑造之下，哥倫比亞已經成了好咖啡的代名詞。儘管風味平衡、質地厚、有明亮的酸味，香氣也可，但是仔細品嘗一下，其實大部分的哥倫比亞豆都很平庸，沒有什麼個性。

選哥倫比亞豆時不能只看等級標示，而是要注意產區，因為哥倫比亞目前是以豆子顆粒大小來分級，所以咖啡袋子上標示「Supremo」或「Excelso」指的是豆子的大小而非品質高低，而豆子的大小其實和入口的風味並沒有必然的關係，反倒是產地的海拔高度和口感的關係比較密切，所以這種分級制度常為人所詬病。事實上大部分的中、南美洲國家都已改用海拔分等的方式，只有哥倫比亞還維持這種傳統的分級制，

許多哥國的咖啡人士已經體認到這一點，要求更改分級制度。哥倫比亞著名的大產區有Medellin、Armenia、Manizales三個地區，所以在裝咖啡的袋子上有時會看到MAM三個字，代表的就是這咖啡豆可能來自這三個產區的任一個。哥倫比亞最高級的咖啡豆幾乎都是產自傳統的小型農莊，這些小農莊種的是梯比卡（Typica）種的老咖啡樹，樹種好加上採收與處理程序仔細，所以品質極高，但是相對的產量也低。

Costa Rica
哥斯大黎加

Roast	
	Cinamon
	Light
	Medial
	City
	Full city
	Espresso
	Dark
	French

想要展現哥斯大黎加完美平衡的風味，絕對不可以深烘焙，建議city程度即可，甚至第一爆一結束即可下豆，這時候香味與質感都會兼具，接近第二爆是最烘焙最深的極限，切勿進入第二爆而浪費上好的咖啡豆。

Specialty				
香氣	●	●	●	
明亮	●	●	●	● ◗
厚度	●	●	●	
質感	●	●	●	● ◗
餘韻	●	●	●	● ●

哥斯大黎加咖啡被許多美食家譽為「完全咖啡」，因為它整體表現非常平衡：質感十分乾淨且緊緻，細緻的酸味中帶著青蘋果香（或柑橘、莓果香），body緊緻而不會偏薄，喝完之後咖啡的甘甜味會留在喉中甚久，所以有人形容他品嘗起來「具有完美的平衡」！最好的哥斯大黎加咖啡餘韻中還會冒出巧克力香。

哥斯大黎加總共有十三萬個大大小小的咖啡莊園，在最有名的產地就是靠近南方太平洋海岸的塔拉珠（Tarrazu）與首都聖荷西北方的三水河（Tres Rios），這些地區海拔高，土壤好，所以種植密度最密，咖啡品質相當穩定，而在這許許多多的莊園中最有名就是位於Tarrazu，有著「嘗起來有如鈴聲般清澈」美譽的拉米尼塔（La Minita）莊園，拉米尼塔莊園的咖啡之所以這麼的優秀完全是因為從咖啡樹的種植到咖啡豆的處理皆極細心與嚴格，事實上該莊園一年所生產的咖啡豆不算少，但是夠格掛上「La Minita」出售的數量卻極少，被篩選剩下的只能以Tarrazu區產的咖啡豆出售。因為Tarrazu太有名了，其他產區的名氣就較不為世人所知，像是Volcan Poas、Tres Rios、Tres Volcanes甚至在北邊靠大西洋的Orosi等等，這些地區也生產很優秀的咖啡。強勢品牌的另一個麻煩是許多明明不是Tarrazu產區的咖啡也魚目混珠，頂著Tarrazu的招牌，所以親自嘗試是不上當的不二法門。

Roast	
	Cinamon
	Light
	Medial
	City
	Full city
	Espresso
	Dark
	French

淺焙，city程度最能夠展現瓜地馬拉咖啡的特色，過深則降低水果清香，若是喜歡煙燻味的話倒是可以烘到接近二爆，但是依然是以不進入二爆為原則。

Specialty		
香氣		
明亮		
厚度		
質感		
餘韻		

Guatemala
瓜地馬拉

事實上瓜地馬拉的種植條件得天獨厚，許多產區海拔高度、土壤、氣候條件都很理想，所以可以產出全世界最複雜、最細膩的咖啡。最有名的是火山區的安提瓜（Antigua），該區咖啡以煙燻味著稱，香料香與水果酸的表現亦不差。北邊的薇薇特南果（Huehuetenango）的果香更出色，不過質感比安提瓜略淡一些。另外像是Coban、Franijanes以及Quiche也各有特色，近年來Atitlan產區的咖啡也偶有佳作。

由於美國對該國的咖啡農業介入極深，剝削也重，巨大的北美跨國集團掌控絕大多數的產區，用極低的工資大量生產低海拔、低品質的咖啡！這些劣質咖啡不能代表真正的瓜地馬拉咖啡。

El Salvador
薩爾瓦多

一般人印象中的薩爾瓦多是一個戰亂頻繁的地方，而確實也是因為連年的內戰讓薩爾瓦多的咖啡豆無法在國際市場上出頭，其實薩國的土壤、高度、氣候三者條件皆備，要生產出與瓜地馬拉和哥斯大黎加等量齊觀的咖啡應該不是難事，而且早在十九世紀薩爾瓦多就開始種植咖啡了，甚至一度是該國最重要的經濟作物。近年來薩爾瓦多的政局穩定，市場經濟開放，

Specialty		
香氣		
明亮		
厚度		
質感		
餘韻		

city至full city，若是對質感厚重有偏好的話，可以烘的略深一些也無妨。

Roast	
	Cinamon
	Light
	Medial
	City
	Full city
	Espresso
	Dark
	French

所以他的咖啡豆逐漸在國際市場嶄露頭角。大部分的薩爾瓦多咖啡都是經過認證的有機種植，味道清爽明亮，水果香味也算豐富，質感比鄰近幾個國家的咖啡豆略厚重些，整體來說相當不錯，相信以後應該會越來越出色。

Roast	
	Cinamon
	Light
	Medial
	City
	Full city
	Espresso
	Dark
	French

淺焙至中焙，淺到一爆快結束即可；最深也不要進入二爆，否則會損其明亮乾淨的特質，複雜度也會降低。

Specialty		
香氣		
明亮		
厚度		
質感		
餘韻		

Panama
巴拿馬

咖啡通路商常開玩笑說：「好的夏威夷Kona豆其實是巴拿馬豆，好的牙買加藍山豆其實是巴拿馬豆，好的哥斯大黎加豆其實也是巴拿馬豆。」雖是玩笑，其中所透露的就是精品咖啡界對巴拿馬豆的高

度評價！巴拿馬咖啡豆價格平實（甚至是低廉），品質極高且穩定，常常輕易地超越其他著名的咖啡豆，而這就是為什麼許多巴拿馬豆被拿來冒充其他高價豆的原因。高級的巴拿馬豆風味複雜純淨，恰到好處的厚度加上明亮的口感，稱其為最超值的咖啡一點也不為過。巴拿馬咖啡種植的海拔高，許多有名的莊園都是數代經營，有悠久的傳統與豐富的經驗，所以生產的咖啡豆品質自然就很高。這幾年各大比賽連續奪冠（並創下競標價格的紀錄）的Geisha正是來自巴拿馬。

Roast
Cinamon
Light
Medial
City
Full city
Espresso
Dark
French

Nicaragua
尼加拉瓜

喜歡深焙的人請試試 Jinotega 和 Matagalpa，烘到第二爆爆聲密集時下豆，此時質感厚實但保有足夠的平衡，還帶著一股強烈的苦甜，非常適合沖煮單品的 Espresso。尼加拉瓜豆也很適合中焙，值得試試。

Specialty				
香氣	●	●	●	●
明亮	●	●	●	●
厚度	●	●	●	●
質感	●	●	●	●
餘韻	●	●	●	●

與絕大多數的中美洲咖啡產國一樣，尼加拉瓜種植條件相當好，大部分高級的咖啡豆都產自高海拔的莊園，而這些咖啡都會標示著「SHG grade」（Strictly High Grown）。尼加拉瓜大部分種植傳統的咖啡品種，像是 Typica、Bourbon、Maragogype 等等，另外還有一些 Caturra 種的咖啡樹。高級的尼加拉瓜咖啡具備咖啡最經典的風味：質地厚重，味道乾淨，整體平衡。而 SHG 更是中美洲唯一沒有銳利酸度的咖啡。

尼國的咖啡往往為人低估，像是吉諾特加（Jinotega）和瑪它加帕（Matagalpa）兩個產區的咖啡就比許多哥倫比亞咖啡出色；而賽哥維亞（Segovia）產區也不錯，有點類似墨西哥的 Oaxaca。

Brazil
巴西

巴西是全世界最大咖啡生產國，而且歷史可以追溯到十七世紀初，巴西的產量雖然是最世界最大，但是大多都是低品質阿拉比卡種和羅布斯塔種，這是因為許多巴西咖啡的生長環境絕大多數海拔甚低，又非火山灰土壤，甚至原來是完全沒有樹林遮蔭大草原，這些先天缺憾是無法由新式的農耕技術來彌補的，所以精品咖啡界對於巴西咖啡的印象並不是太好。但這並不表示巴西豆不堪入口，近年來一些巴西的咖啡農努力讓巴西咖啡豆與高品質畫上等號，而該國的咖啡協會也在這方面全力幫忙，他們的努力果然獲得了回報——所以近來咖啡市場上所拍賣的價格相當的漂亮！

巴西的三個主要咖啡產區為巴希亞（Bahia）、小米納斯（Minas Gerais）和聖保羅（Sao Paulo）三個州，但是上等巴西豆大多來自 Minas Gerais 省，最有名的 Cerrado 是 Minas 省裡的小產區。至於 Santos 則是巴西最大、歷史最久的咖啡出口港，標示為 Santos 的豆子來可能自巴西國內任何地方，所以不是個有用的區域

用作 Espresso 的基豆時不可以烘太深，因為產區海拔低，豆子密度就低，在深焙之下會產生焦炭苦味，二爆之前起鍋最好。至於高級的巴西豆則可以有較為寬廣的烘焙範圍，從 city 到二爆中段皆適合。

Specialty				
香氣	●	●	●	
明亮	●	●	●	●
厚度	●	●	●	●
質感	●	●	●	●
餘韻	●	●	●	●

Roast
Cinamon
Light
Medial
City
Full city
Espresso
Dark
French

或等級指標。普通的巴西咖啡豆不但生豆外觀不佳、大小顆粒參差不齊，重要的是味道非常平庸，毫無特色可言，而且有些還會有一股令人不悅的碘味。好的巴西豆產自波本（Bourbon）種的老咖啡樹，聞起來有一股明顯的核果味，口味帶甜而且酸度低，有巧克力的苦甜口感，有人則用「極為溫潤順口」（Strictly Soft）來形容頂級的巴西咖啡。因為富含油脂，所以巴西豆一直是 Espresso 配方中不可或缺的要角。好的巴西豆厚度、質感、甜味三者具備，但又不奪味，提供最佳舞台供其他咖啡盡情表現。

Islands
海島豆

除了三大洲之外，還有一些產咖啡的地方是被獨立出來討論的，這些地方有兩個特點：首先，這些地方都是海島，名氣通常很大，如即使不喝咖啡的人都知道的牙買加藍山、或是美國唯一生產咖啡的夏威夷Kona等等。第二個共通點是：它們都很貴！因為產量少，所以價格自然高，價格越高就越有人想要喝，所以價格就更高！

撇開產量與價格的問題不談，海島豆通常會讓人感覺到一股濃厚的奶香或是高雅的花香，除此之外海島豆的酸味柔和細緻，厚度與質感都屬上乘。因為價格高，所以在生豆的處理方面都非常的仔細，不管是生豆大小或是瑕疵豆出現的比例都比其他各洲的水準高出甚多。當然，在昂貴的價格下極少有人拿來調配綜合豆，絕大部分的人都只願意單純的品嘗它們。

Roast
Cinamon
Light
Medial
City
Full city
Espresso
Dark
French

一般會建議烘至二爆中段，其實烘到二爆剛開始時也不錯。

Specialty				
香氣	●	●	●	●
明亮	●	●	●	●
厚度	●	●	●	●
質感	●	●	●	●
餘韻	●	●	●	●

Hawaii
夏威夷

夏威夷是美國唯一產咖啡的州，產地就在夏威夷群島中的Kona島。Kona豆的平均水準相當高，處理也非常仔細，通常一般生豆中品相較差的瑕疵豆都在10~30%之間，但是Kona的瑕疵豆卻是以「顆」來計算，通常一磅的Kona都挑不出10顆瑕疵豆！最頂級的咖啡豆叫作Extra Fancy，次一級的稱為Fancy，兩者差異主要是顆粒大小。喝起來極類似高海拔的中美洲豆，味道相當豐富。產量低、工資高，所以價格昂貴。最近夏威夷其他群島也開始種植咖啡豆，市面上甚至還出現仿冒品，購買時要小心。

Puerto Rico
波多黎各

如果你喜歡藍山咖啡的味道，可是銀行存款又無法支持您的話，那就只剩下波多黎各可選擇了！波多黎各的尤科特選（Yauco selecto）有藍山80%的實力，但是價格卻只有藍山的一半！濃厚的奶油味與中等稠度的口感，帶著優雅的酸味，喝起來十分柔和。Yauco selecto每年產量不到全島的1%，加上處理手續繁複細緻、當地昂貴的工資，所以想要不貴也不行，雖然價格與夏威夷Kona一樣同屬高價一族，但是已經比藍山便宜許多了。

city至full city。city烘焙時整體感覺最接近藍山；full city時口感最飽滿。

Specialty				
香氣	●	●	●	●
明亮	●	●	●	●
厚度	●	●	●	●
質感	●	●	●	●
餘韻	●	●	●	●

Roast
Cinamon
Light
Medial
City
Full city
Espresso
Dark
French

Jamaica 牙買加

Roast	
Cinamon	
Light	
Medial	
City	■
Full city	
Espresso	
Dark	
French	

中焙，最多可烘至二爆剛剛要開始。

Specialty				
香氣	●	●	●	●
明亮	●	●	●	●
厚度	●	●	●	●
質感	●	●	●	◗
餘韻	●	●	●	◗

位於加勒比海的牙買加是鼎鼎大名的藍山咖啡出生地，這種傳說中美味無比的的咖啡產自牙買加島東邊的高山上，最早的藍山咖啡是來自幾個莊園，後來牙買加政府訂出一套規範，只要是在藍山山區生產，樹種與處理程序合乎規範的都

可以使用「藍山」這個名稱，但是事實上好的藍山咖啡依然是那幾家莊園。真正的藍山的價格極為高昂，一磅生豆零售價超過千元新台幣（一般的生豆大概只要兩百元左右），但是依然常常供不應求！好的藍山喝起來有著中等稠度的質感，奶油味與核果味濃厚，再加上透著花香的微酸。依照經濟學的定律，藍山會那麼昂貴是因為產量少，至於喝起來是不是真的美味無比？那就得看各人的喜好了。當然因為價格昂貴，有利可圖，所以假冒的藍山咖啡豆也不少，而這些豆子還打著「正牌藍山」的名號！

St. Helena 聖海倫娜

Roast	
Cinamon	
Light	
Medial	
City	
Full city	■
Espresso	
Dark	
French	

喜歡酸味的人烘到city即可；而若想表現海島豆均衡的質感，可以烘至full city，略深一點亦無妨。

Specialty				
香氣	●	●	●	◗
明亮	●	●	●	◗
厚度	●	●	●	◗
質感	●	●	●	◗
餘韻	●	●	●	◗

還記得拿破崙失敗之後被放逐到何處嗎？是的，就是聖海倫娜島！沒想到這個長8英里、寬6英里的小島也產咖啡吧？聖海倫娜不但生產咖啡，而且所產的咖

啡還非常好！當然，此蕞爾小島的年產量一定少得可憐，加上一堆咖啡評論家都大力稱讚聖海倫娜的咖啡極為出色，所以價格便是凡人所不能及的高了！

聖海倫娜種植的是古老的葉門種，以細心的照顧，造就出了極高品質的咖啡豆。聖海倫娜咖啡喝起來質感中等，有一股淺淺卻明亮的水果香，除此之外還會感覺到香料味道，整體表現相當均衡。唯一的問題是——可能很難買到！

Dominican 多明尼加

Roast	
Cinamon	
Light	
Medial	
City	
Full city	■
Espresso	
Dark	
French	

與其他海島豆一樣，不適合烘得太深，City至Full City之間最能夠表現出多明尼加咖啡的風味。

Specialty				
香氣	◗	●	●	◗
明亮	◗	●	●	◗
厚度	◗	●	●	◗
質感	◗	●	●	◗
餘韻	◗	●	●	◗

多明尼加與牙買加一樣，是加勒比海的島國，也是著名的精品咖啡豆生產國。該國幾個著名產區：巴尼（Bani）、芭拉侯那（Barahona）與歐卡（Ocoa）。多明尼加雖然是海島豆，價格卻不若其他的海島豆那麼的高昂，但是質感與柔順程度卻相近，喜歡水洗豆乾淨質感的朋友可以試試看。

Glossary

咖啡用語小辭典

什麼是「水洗法」、「乾燥法」？「直火式」、「第一爆」、「第二爆」又代表什麼意思？Single與Double espresso有什麼差別？在咖啡的世界裡，有許多專有名詞或許你曾經聽過但是一知半解，大部分的常用名詞都可以在這裡找到解釋。

關於咖啡豆

■咖啡櫻桃：咖啡樹的果實，因為果皮顏色艷紅，形狀極似櫻桃而得名。

■圓豆：咖啡果實在成長的過程中，裡面的一對種籽中的某一顆發育特別好，而將另外一顆種籽吃掉，使得應該是橢圓形的咖啡豆變成圓形。

■象豆：體型比一般咖啡豆大，滋味通常平淡。

■咖啡帶（Coffee Zone）：通常指南、北回歸線中間的地帶，因為此一區域最適合種植咖啡。

■乾燥法：利用日曬，使咖啡果肉與種籽分離，以取得生豆的方式。

■水洗法：利用水來處理，使咖啡果肉與種籽分離，以取得生豆的方式。

■半水洗法：前半段用日曬，後半段用水洗使咖啡果肉與種籽分離以取得生豆的方式。

■陳年豆：將生豆在良好的狀況保存數年，藉此培養出更深沉的風味。

■精品咖啡：從種植、採收到處理都極其仔細的咖啡，有別於一般大量生產的咖啡，可以說是咖啡界的頂尖產品。目前美國與歐洲都有精品咖啡協會（SCAA與SCAE），專門推廣精品咖啡。

■阿拉比卡（Arabica）：咖啡品種，也是唯一有44條染色體的咖啡品種，品質佳但不容易照顧，為目前咖啡市場最主要的品種。

■羅布斯塔（Robusta）：咖啡品種，產量大，容易照顧但是品質不佳，主要用途是製造即溶咖啡，羅布斯塔是市場上僅次於阿拉比卡的主要品種。

■銀皮：生豆表面的一層薄膜，通常烘焙時會脫落。

■第一爆：咖啡豆烘焙過程中，溫度在190~200℃時所產生的爆裂反應。

■第二爆：咖啡豆烘焙過程中，溫度在230℃左右時所產生的爆裂反應，爆裂聲音比第一爆小而且密集。

■排氣反應：咖啡豆烘焙完成後，繼續排放二氧化碳的反應。

■養豆：咖啡豆烘好之後不立即飲用，保存數天讓排氣反應完成，使咖啡豆的風味完全成熟。

■瑕疵豆：外型破碎、不正常或是有蟲蛀痕跡的生豆。

關於咖啡器具

■螺旋槳式磨豆機：磨刀形狀類似螺旋槳的磨豆機。

■盤式磨豆機：磨刀為平盤型式的磨豆機。

■錐式磨豆機：磨刀為錐型的磨豆機。

■儲豆槽：磨豆機上方存放咖啡豆的空間。

■盛豆槽：磨豆機下方盛接研磨完成的咖啡粉之處，營業用機種通常盛豆槽就是分量器。

■分量器：一種讓咖啡粉定量的器具，通常與磨豆機的盛豆槽結合。

■減量板：某些摩卡壺中所附的小零件，主要是讓使用者可以放少一點咖啡粉。

■洩壓閥：磨卡壺內卸除壓力用的閥門，當壓力到達設定壓力便會開啟。

■聚壓閥：磨卡壺內為聚集壓力所設計的閥門，構造與洩壓閥一樣，僅是功能不同。

■法蘭絨：一種絨布的材質，這裡指濾沖式咖啡中利用法蘭絨來過濾咖啡粉的方式。

■金屬濾網：濾沖式中利用孔洞非常細密的金屬來過濾咖啡粉的沖煮方式。

■上壺：塞風壺的上半部。

■下壺：塞風壺的下半部。

■Single：Espresso專用語，指用單一份量（約7~9g）的咖啡豆沖煮出一杯Espresso。

■Double：Espresso專用語，指用雙倍份量（約14~18g）的咖啡豆沖煮出一杯Espresso。

■Triple：Espresso專用語，指用三倍份量（約21~27g）的咖啡豆沖煮出一杯Espresso。

■濾器：Espresso機器中裝咖啡粉的零件。依照不同的型態會有不同的容量。

■沖煮頭：Espresso機器出水的地方。

■濾器把手：Espresso機器中，盛裝濾器的把手，沖煮時濾器把手要鎖在沖煮頭上。

■無孔濾器：沒有出水孔的濾器把手，用途為清洗Espresso咖啡機的沖煮頭與內部管線。

■幫浦：Espresso機器內對水加壓的裝置。

■填壓器：把咖啡粉壓實的器具，金屬製較佳。

■鼓式烘豆機：又稱為「滾筒式烘豆機」，其烘焙室為筒狀，烘焙時可以轉動來翻攪咖啡豆。

■直火式烘豆機：熱源與咖啡豆之間沒有完全阻隔，可以直接對咖啡豆加熱烘焙的烘焙機。

■氣流式烘豆機：用熱氣流烘焙咖啡豆的烘豆機。

■半直火式烘豆機：同時具備氣流式與直火式加熱方式的烘焙機。

其他

■杯測（Cupping）：一種檢測咖啡品質的方式，基本上是把磨好的新鮮咖啡豆置於杯中，沖入熱水後，稍微浸泡一下，然後不經過濾直接用小湯匙舀出來試喝。

■萃取：透過液體將所需的物質溶解後析出。

■咖啡因：化學式為 $C_8H_{10}N_4O_2$，唯一含氮之植物鹼，有提神、利尿、消除疲勞等等的功效。

■氧化：物質與氧產生化學作用而形成新的化合物。

■焦糖化：咖啡烘焙過程中的化學反應，又稱「梅納反應」，為一高溫下所產生的化學變化，雖有「焦」字，但與燃燒現象無關。

■Espresso：一種利用高壓熱水來沖煮咖啡的方式。

■悶蒸：使用濾沖式沖煮咖啡時先注水至咖啡粉中，然後暫停注水，藉由延長咖啡粉與水接觸的時間，以萃取出更多的咖啡風味。

■摩卡：摩卡可能代表三個意義，分別是：(1)咖啡名稱；(2)某種煮咖啡的壺；(3)加了巧克力調味的咖啡。

■大氣壓：空氣施予地平面物體的壓力，在地球上1平方公分的大氣壓力為1公斤，又稱1Bar。

■Crema：Espresso咖啡表面所浮起的一層乳狀物質，是Espresso的精華。

■拉花：在Espresso中倒入奶泡時靠著手腕的晃動，在咖啡上形成美麗的葉子圖形。

■Barista：義大利人對於專業咖啡沖煮者的尊稱。

國家圖書館出版品預行編目資料

咖啡賞味誌——香醇修訂版 / 蘇彥彰著；顏涵正、廖家威、蘇彥彰攝影.
– 二版 – 臺北市：積木文化出版：
家庭傳媒城邦分公司發行, 民99.08
112面；21×28公分. –（飲饌風流；34）

ISBN 978-986-6595-516（平裝）
1.咖啡

427.42   99008810

飲饌風流 34

咖啡賞味誌——香醇修訂版

作　　　者／蘇彥彰
攝　　　影／顏涵正、廖家威、蘇彥彰
責 任 編 輯／古國璽、何韋毅
特 約 編 輯／吳佩霜

發 行 人／凃玉雲
總 編 輯／王秀婷
版　　　權／向艷宇
行 銷 企 畫／黃明雪、陳志峰
出　　　版／積木文化
　　　　　　台北市104中山區民生東路二段141號5樓
　　　　　　電話：(02)25007696　　傳真：(02)25001953
　　　　　　官方部落格：www.cubepress.com.tw
　　　　　　讀者服務信箱：service_cube@hmg.com.tw
發　　　行／英屬蓋曼群島商家庭傳媒股份有限公司城邦分公司
　　　　　　台北市民生東路二段141號2樓
　　　　　　讀者服務專線：(02)25007718-9　　24小時傳真專線：(02)25001990-1
　　　　　　服務時間：週一至週五上午09:30-12:00、下午13:30-17:00
　　　　　　郵撥：19863813　戶名：書虫股份有限公司
　　　　　　網站：城邦讀書花園　網址：www.cite.com.tw
香港發行所／城邦（香港）出版集團有限公司
　　　　　　香港灣仔駱克道193號東超商業中心1樓
　　　　　　電話：852-25086231　　傳真：852-25789337
　　　　　　電子信箱：hkcite@biznetvigator.com
馬新發行所／城邦（馬新）出版集團
　　　　　　Cité (M) Sdn. Bhd.
　　　　　　41, Jalan Radin Anum, Bandar Baru Sri Petaling,
　　　　　　57000 Kuala Lumpur, Malaysia.
　　　　　　電話：(603) 90578822　　傳真：(603) 90576622
　　　　　　電子信箱：cite@cite.com.my

封 面 設 計／葉若蒂
內 頁 排 版／劉靜薏
製　　　版／上晴彩色印刷製版有限公司
印　　　刷／東海印刷事業股份有限公司

城邦讀書花園
www.cite.com.tw

2010年（民99）8月1日初版
2014年（民103）3月19日初版7刷

Printed in Taiwan

售價／320元

積木文化

104 台北市民生東路二段141號2樓

英屬蓋曼群島商家庭傳媒股份有限公司　城邦分公司

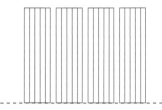

請沿虛線對摺裝訂，謝謝！

部落格　**CubeBlog**
cubepress.com.tw

臉　書　**CubeZests**
facebook.com/CubeZests

電子書　**CubeBooks**
cubepress.com.tw/books

積木生活實驗室

部落格、facebook、手機app
隨時隨地，無時無刻。

積木文化　讀者回函卡

積木以創建生活美學、為生活注入鮮活能量為主要出版精神，出版內容及形式著重文化和視覺交融的豐富性，為了提升出版品質，更了解您的需要，請您填寫本卡寄回（免付郵資），或上網 www.cubepress.com.tw/list 填寫問卷，我們將不定期寄上最新的出版與活動資訊，並於每季抽出二名完整填寫回函的幸運讀者，致贈積木好書一冊。

1. 購買書名：_____

2. 購買地點：

　　□書店，店名：_____，地點：_____縣市　□書展　□郵購

　　□網路書店，店名：_____　□其他_____

3. 您從何處得知本書出版？

　　□書店 □報紙雜誌 □DM書訊 □廣播電視 □朋友 □網路書訊　□其他_____

4. 您對本書的評價（請填代號 1 非常滿意　2 滿意　3 尚可　4 再改進）

　　書名_____　內容_____　封面設計_____　版面編排_____　實用性_____

5. 您購買本書的主要原因（可複選）：□主題　□設計　□內容　□有實際需求　□收藏

　　□其他_____

6. 您購書時的主要考量因素：（請依偏好程度填入代號1～7）

　　作者_____　主題_____　口碑_____　出版社_____　價格_____　實用_____　其他_____

7. 您習慣以何種方式購書？

　　□書店　□劃撥　□書展　□網路書店　□量販店　□其他_____

8. 您偏好的叢書主題：

　　□品飲（酒、茶、咖啡）□料理食譜 □藝術設計 □時尚流行 □健康養生

　　□繪畫學習 □手工藝創作 □蒐藏鑑賞 □ 建築 □科普語文 □其他_____

9. 您對我們的建議：

　　_____

10. 讀者資料

・姓名：_____　　　・性別：□男　□女

・電子信箱：_____

・居住地：□北部 □中部 □南部 □東部 □離島 □國外地區

・年齡：□15歲以下 □15~20歲 □20~30歲 □30~40歲 □40~50歲 □50歲以上

・教育程度：□碩士及以上　□大專　□高中　□國中及以下

・職業：□學生　□軍警　□公教　□資訊業　□金融業　□大眾傳播　□服務業

　　　　□自由業　□銷售業　□製造業　□家管　□其他_____

・月收入：□20,000以下 □20,000~40,000 □40,000~60,000 □60,000~80000 □80,000以上

・是否願意持續收到積木的新書與活動訊息：　□是　□否

我已經完全瞭解左述內容，並同意本人資料依上述範圍內使用。

_____（簽名）